重庆市教育委员会人文社会科学研究项目
项目名称：数字文旅视角下短视频赋能乡村旅游品牌影响力研究
项目编号：23SKGH392

短视频赋能乡村文旅品牌力研究

刘娉 著

吉林文史出版社

图书在版编目（CIP）数据

短视频赋能乡村文旅品牌力研究 / 刘娉著 . — 长春 :
吉林文史出版社 , 2024.1

ISBN 978-7-5752-0075-2

Ⅰ . ①短… Ⅱ . ①刘… Ⅲ . ①视频制作 – 研究 – 中国
②乡村旅游 – 旅游业发展 – 研究 – 中国 Ⅳ . ① TN948.4
② F592.3

中国国家版本馆 CIP 数据核字 (2024) 第 021849 号

短视频赋能乡村文旅品牌力研究
DUAN SHIPIN FUNENG XIANGCUN WEN LÜ PINPAI LI YANJIU

著　　者：刘　娉
责任编辑：马铭烩
出版发行：吉林文史出版社
电　　话：0431-81629359
地　　址：长春市福祉大路 5788 号
邮　　编：130117
网　　址：www.jlws.com.cn
印　　刷：河北万卷印刷有限公司
开　　本：710mm×1000mm 1/16
印　　张：16.5
字　　数：230 千字
版　　次：2024 年 1 月第 1 版
印　　次：2024 年 1 月第 1 次印刷
书　　号：ISBN 978-7-5752-0075-2
定　　价：98.00 元

前　言

尊敬的读者：

欢迎阅读《短视频赋能乡村文旅品牌力研究》。这本专著是我在短视频与乡村文旅品牌力研究过程中，对于相关理论与实践进行探索和整理的成果。在这个过程中，我深感新媒体尤其是短视频对于乡村文旅品牌力赋能有巨大潜力，同时也看到了实施过程中面临的挑战与困难。因此，我希望这本专著能为短视频与乡村文旅品牌力的结合提供一些理论支持与实践指导。

本专著分为七章。第一章主要介绍短视频的概念与发展、类型、特征与社交功能，以及短视频的制作与发布、运营与发展等基础知识。短视频作为一种新兴的媒体形式，不仅提供了丰富多元的内容，也改变了信息传播的方式，对各行各业都产生了深远影响。

第二章对乡村文旅品牌力进行研究，通过介绍乡村文旅的概念与发展，品牌力的理论内涵，以及乡村文旅品牌力的研究现状，帮助读者更好地理解乡村文旅品牌力的重要性。

第三章则探讨了短视频赋能乡村文旅品牌力研究的理论基础，包括新媒体理论、乡村旅游发展理论、品牌建设理论以及短视频在社交平台的传播理论，为后续的实证研究打下了理论基础。

第四章详细阐述了短视频赋能乡村文旅品牌力的背景、优势与挑战，旨在让读者了解短视频在赋能乡村文旅品牌力方面的潜力，以及实施过程中可能面临的困难。

第五章以内容创作为切入点，分析了短视频如何赋能乡村文旅品牌力，其中包括内容定位、内容创新、内容叙事以及内容符号意义等方面的研究。

第六章则从新媒体策略的角度，讨论了短视频赋能乡村文旅品牌力的实施方式，以及效果评估与优化方法。

第七章阐述了短视频赋能乡村文旅品牌力的实施路径，包括政策体系完善、人才体系培养、技术体系与服务体系保障，以期为乡村文旅品牌力的提升提供全面而具体的解决方案。

为了完成这本专著，我投入了大量的时间和精力。每一次研究和撰写的过程都是对我个人认知的一次深刻拓展。我不仅从广泛的文献中获取了宝贵的知识和见解，还进行了大量的实地调研和深入访谈，以了解乡村文旅品牌力的真实情况和新媒体在其中的作用。

在整个写作过程中，我深刻感受到了责任的重大。我明白作为作者，我有义务为读者提供有价值的思考和参考。我希望通过这本专著，能够传达出乡村文旅品牌力的重要性，以及新媒体如何成为其赋能的关键。我希望读者能够从中获得启发，思考如何在乡村发展中充分利用新媒体的力量，使乡村文旅事业发展具有更加美好的未来。

我要衷心感谢所有支持我完成这本专著的人。我的同事们给予了我无私的帮助和支持，与他们的讨论和交流使得这本专著的内容更加丰富和全面。我的朋友们在我写作过程中给予了我很多鼓励和理解，他们的支持是我坚持下去的动力。最重要的是，我要感谢我的家人，他们对我的支持和理解让我有信心完成这个项目。

最后，我衷心感谢您的阅读。我希望这本专著能够给您带来启示和帮助，让您对乡村文旅品牌力和新媒体的作用有更深入的理解。希望这本书能够激发更多人对乡村文旅品牌力的关注，让我们共同为乡村文旅事业的发展贡献一份力量。再次感谢您的关注和支持！

目 录

第一章　短视频概述

短视频，作为一种新兴的媒体形式，迅速改变了人们的生活和社交方式。它以短小精悍的形式，将丰富多彩的内容传递给观众，让人们在碎片化的时间里享受到丰富的娱乐和知识。本章将深入探讨短视频的概念与发展、类型、特征与社交功能，以及制作与发布、运营与发展等方面的内容。通过对短视频的全面分析，揭示其在社交网络中的重要地位和广阔发展前景，为短视频从业者和爱好者提供有益的指导和启示。

第一节　短视频的概念与发展

一、短视频的定义

短视频一般指时长在 5 分钟以内的视频[①]。是一种创新的互联网内容传播载体，其可以利用移动智能终端设备（手机 / 运动相机 / 无人机等）快速拍摄并美化编辑，在互联网上实时分享，快速传播，适合人们利用零碎时间在移动网络环境下观看。

二、短视频的起源

（一）网络视频的发展

20 世纪 90 年代末，随着互联网的普及和宽带网络的发展，网络视频开始兴起并逐渐成为主流形式。这一阶段是网络视频的起步阶段，为其后来的发展奠定了基础。

---

① 孟昊雨 . 网络新媒体营销与技术 [M]. 北京：中国商务出版社，2021：237.

当时，人们通过宽带网络获得了更快的网络连接速度，从而能够更轻松地在互联网上分享和观看视频内容。早期的网络视频主要包括电影片段、音乐视频、电视剧集等来自传统媒体的内容，这些内容经过数字化处理后在互联网上进行传播。人们能够通过在线平台和社交媒体分享自己喜欢的视频片段，或者从网站上下载并观看自己感兴趣的视频内容。

除了传统媒体的内容外，一些网民开始利用个人摄像机和简单的视频编辑工具制作原创视频内容。这种自制的原创内容推动了网络视频的发展，使其更具多样性和创造性。人们通过上传自己创作的视频作品，与其他用户分享和交流，进一步丰富了网络视频的内容。

（二）智能手机和移动互联网的普及

智能手机的普及使得人们能够随时随地拍摄、编辑和分享短视频。通过智能手机的摄像头和视频编辑应用程序，人们可以轻松地记录身边的有趣瞬间，创作自己的短视频作品，并将其分享给朋友、家人和社交网络上的关注者。智能手机的便携性和高质量的摄像功能使得短视频创作更加简单和可行。同时，移动互联网的普及也为短视频的传播和观看提供了便利。人们可以通过移动互联网连接到各种社交媒体平台和视频分享网站，观看其他用户创作的短视频作品，并与他人分享自己的创作。移动互联网的高速连接和稳定性，使得短视频能够以流畅的方式传输和播放，为用户提供更好的观看体验。

智能手机和移动互联网的普及打破了时间和空间的限制，使得短视频得以在更广泛的人群中传播。人们不再需要依赖传统的电视或电脑来观看视频内容，而是可以随时随地通过自己的手机享受短视频带来的乐趣。这为短视频的普及和流行提供了更广阔的平台和观众基础。

智能手机和移动互联网的普及为短视频的创作、分享和观看带来了便利，推动了短视频在更广泛人群中的传播和流行。它们为用户提供了更多的创作和消费选择，并丰富了人们的数字娱乐体验。

三、短视频的演变

（一）内容多元化

短视频的内容多元化是随着时间的推移逐渐发展的。最初，短视频主要用于分享娱乐性的内容，如搞笑片段、音乐和舞蹈表演等。这些短视频以轻松、欢乐的氛围吸引观众的注意力，成为人们日常娱乐和消遣的一种方式。然而，随着短视频的普及和用户需求的不断变化，短视频的内容开始呈现多样化的趋势。越来越多的人意识到短视频的潜力，开始在不同领域中探索和创作短视频内容。

教育领域的短视频逐渐兴起，成为一种快速且有效的知识传播方式。教育类短视频可以帮助观众快速掌握新的知识和技能，通过简明扼要的讲解和图文并茂的呈现方式，将复杂的概念和信息转化为易于理解的形式。此外，短视频还被用于传递新闻和事件。新闻类短视频通过简短精练的形式，向观众传递重要的新闻内容，帮助他们快速了解最新的事件和动态。

在商业领域，短视频也被广泛用于产品推广和营销。商家可以通过制作吸引人的短视频来展示产品特点和优势，吸引潜在客户的关注和购买意愿。短视频简洁、直观的特点使得产品信息能够更快速地传达给目标受众。此外，短视频还是个人表达和创作的平台。人们可以通过短视频分享自己的见解、故事和创意，展示自己的才华和个性。这为个人提供了一个广泛传播和展示自己创作能力的机会。

随着短视频的发展，其内容逐渐多元化。除了娱乐性的内容外，短视频开始包括教育、新闻、产品推广和个人表达等不同类型的内容。这种多元化的内容使得短视频能够满足用户不同的需求，并在各个领域中发挥重要作用。

（二）制作方式的演变

随着短视频行业的发展，制作方式也发生了演变。早期的短视频主要由普通用户使用智能手机进行拍摄和简单编辑。这种简单而便捷的制作方式使更多的人能够参与短视频创作，促进了短视频的普及。随着短视频行业的迅速发展，越来越多的专业制作团队开始参与短视频的制作。他们利用专业的摄影设备、灯光设备和后期制作技术，制作出高质量的短视频作品。这些专业团队在拍摄、剪辑和制作方面具有丰富的经验和技术，使短视频具有更高的制作水平和艺术表现力。

与此同时，许多短视频平台也意识到了用户对高质量内容的需求。为了满足这一需求，它们提供了强大的视频编辑工具，让普通用户也能轻松制作出高质量的短视频。这些编辑工具提供了丰富的特效、滤镜、音效和剪辑功能，使用户能够在制作过程中加入创意和个性化元素，提升视频的质量和吸引力。通过专业的制作团队和强大的编辑工具，短视频的制作水平和质量得到了提升。这使得短视频能够在艺术、广告和品牌推广等领域发挥更重要的作用，并吸引了更多的专业人士和创作者参与其中。

从短视频制作方式的演变可以看出行业的发展和用户需求的不断演进。从普通用户使用手机进行简单拍摄和编辑，到专业的制作团队和强大的编辑工具的介入，短视频制作的水平不断提高，为观众提供了更多高质量和多样化的内容。

（三）算法的运用

随着人工智能和大数据技术的发展，短视频平台开始广泛应用算法来推荐个性化内容。这一趋势使用户更容易找到他们感兴趣的短视频，同时也为创作者提供了更多的展示机会。

短视频平台通过收集和分析用户的行为数据、兴趣偏好以及社交互动，建立个性化推荐系统。基于这些数据和算法模型，平台能够判断用户的喜好并向其推荐可能感兴趣的短视频内容。算法推荐的优势在于能够根据用户的观看历史、点赞和分享行为等因素，精准地匹配用户的兴趣。通过不断优化和训练算法，短视频平台能够提供更加个性化和精准的推荐结果，为用户带来更好的观看体验。

同时，这种算法推荐也为创作者提供了更多的展示机会。通过算法

的帮助，优质的短视频作品有更多机会被推荐给潜在的观众，从而提高了作品的曝光度和影响力。这使创作者有更多的机会与观众互动、积累粉丝，并有可能成为短视频平台上的知名人物。但算法推荐也面临一些挑战和争议。例如，过度依赖算法可能导致信息过滤和信息孤岛问题，限制了用户的视野和多样性。此外，算法可能会被滥用，用于个人信息搜集和商业推广等不当目的。因此，平台和相关利益方需要关注和解决这些问题，确保算法的公正性和透明性。

随着人工智能和大数据技术的发展，短视频平台的算法推荐成了提供个性化内容的重要手段。这一趋势能使用户更容易找到感兴趣的短视频，也能为创作者提供更多的展示机会。然而，算法推荐也需要平衡考虑用户需求、信息多样性和个人隐私等方面的因素，以确保公正性和透明性。

（四）互动性的发展

与传统的视频观看模式相比，现代的短视频平台为用户提供了更多的参与和互动机会。用户不仅可以观看短视频，还可以在短视频下方进行评论、点赞和分享。这些互动功能使用户能够与其他用户和创作者进行实时交流和互动，表达自己的观点和情感。现代短视频平台还鼓励用户参与视频的创作。一些平台推出了各种挑战赛和趋势，用户可以根据特定的主题、音乐或创意制作短视频，并与其他用户分享和竞争。这种互动形式激发了用户的创造力和参与度，使用户成为内容的创作者和共同塑造者。

挑战赛和趋势还为用户提供了一个展示自己才华和个性的平台。通过参与这些互动活动，用户可以在短视频社区中积累粉丝和关注度，成为平台上的知名人物。

互动性的增强使短视频成了一种更加社交化和参与式的媒体形式。用户可以与其他用户分享观点、表达情感，并参与创作和互动的过程。这种互动性不仅丰富了用户的使用体验，也提高了用户对短视频的参与度和忠诚度。

现代短视频平台的互动性得到了显著增强。用户不仅可以观看短视频，还可以进行评论、点赞和分享，甚至参与视频的创作。挑战赛和趋势等互动活动进一步激发了用户的创造力和参与度。这种互动性使短视频成了一个更加社交化和参与式的媒体形式，为用户带来更丰富的使用体验。

四、短视频的应用领域

（一）个人表达和分享

短视频平台在个人表达和分享方面的应用领域非常广泛。它为个人用户提供了一个展示自我、分享生活的舞台，并且能够与其他用户建立联系。这种形式的个人表达和分享对于促进创意、建立社交互动以及塑造个人形象都具有重要意义。

短视频平台为用户提供了一个记录和分享生活点滴的机会。通过短视频的形式，个人用户可以记录自己的旅行经历、美食体验、户外活动、家庭时光，以及其他有趣的日常片段。这样的分享不仅可以留下珍贵的回忆，还可以让用户的朋友和家人参与其中，从而增强彼此之间的联系。短视频平台也成了个人用户展示自己才艺的重要舞台。无论是音乐、舞蹈、绘画、手工艺还是其他才艺，用户都可以通过短视频的形式展示给其他用户。这样的分享不仅可以让用户展示自己的才能，还可以获得其他用户的认可和鼓励。有时候，用户甚至有机会与相关领域的专业人士建立联系，从而进一步发展自己的才艺。此外，短视频平台也是个人用户分享知识和教学内容的重要场所。用户可以通过短视频分享自己在某个领域的专业知识，例如烹饪技巧、健身训练、语言学习等。这样的分享不仅可以帮助其他用户学到新知识，还可以让用户与志同道合的人们建立联系，形成一个互助和学习的社区。

最后，通过在短视频平台展示自己的才艺和个性，个人用户有机会吸引一定数量的粉丝群体。这些粉丝会关注用户的更新内容，并通过点赞、评论、分享等方式与用户互动。这种互动不仅增加了用户的曝光度和影响力，还可以为用户带来支持、鼓励和认可，甚至有机会转化为商业合作或机会。

短视频平台在个人表达和分享方面的应用领域非常广泛。它不仅为个人用户提供了一个展示自我、分享生活的舞台，还能够促进创意、建立社交互动，并塑造个人形象。通过短视频的形式，个人用户可以留下珍贵的回忆，展示自己的才艺，分享知识，与粉丝群体互动，从而实现个人表达和分享的目标。

（二）商业广告和产品推广

商业广告和产品推广是短视频应用领域中的重要方面。短视频平台为商业品牌提供了一个有影响力和创意的平台，使它们能够通过短视频来展示和推广自己的产品。

短视频平台为商业品牌提供了一个更直接和吸引人的方式来展示产品。相比传统的文字、图片广告，短视频能够以生动、动态的方式呈现产品的特点和功能。品牌可以通过视觉效果、音乐、剪辑和故事情节等元素来吸引潜在客户的注意力，让他们更好地了解和体验产品。短视频的创意性和独特性也为商业品牌提供了更多的表现空间。品牌可以利用短视频的形式来传达自己的品牌形象、价值观和故事，从而与观众建立情感联系。通过有创意的短视频内容，品牌可以引起用户的兴趣和共鸣，提高品牌的知名度和认可度。

另外，短视频平台还具有社交分享的特点，这对于商业广告和产品推广而言非常有利。用户可以通过点赞、评论和分享短视频来互动，从而扩大品牌的曝光度和影响力。如果用户对某个短视频产生兴趣，他们很可能会将其分享给自己的朋友和关注者，进一步扩大品牌的传播范围。

短视频平台通常拥有大量的用户群体，具有较高的用户活跃度和参与度。这使得商业品牌能够精准地定位潜在客户，并通过短视频广告将产品直接呈现给目标受众。品牌可以通过针对性的广告投放策略，在特定的用户群体中推广产品，提高转化率和销售额。

商业广告和产品推广是短视频应用领域中的重要应用之一。短视频平台为商业品牌提供了更直接、吸引人的展示平台，通过有创意的短视频内容吸引潜在客户的注意力。同时，社交分享的特点和大量的用户群体也为品牌的广告投放和产品推广提供了更多的机会。通过利用短视频平台，商业品牌可以实现更高效、更有影响力的广告和产品推广。

（三）品牌建设

短视频在品牌建设方面也扮演着重要角色。品牌建设是通过塑造品牌形象、传达品牌故事和价值观，以及与消费者建立情感联系来增强品牌认知和忠诚度的过程。短视频平台为品牌提供了一个有影响力和创意的渠道，使其能够通过短视频来展示和推广品牌。短视频平台为品牌展示品牌故事和文化提供了有力渠道。品牌可以通过短视频向消费者传达品牌的起源、价值观、使命和愿景等核心信息。通过展示品牌故事和文化，能够帮助消费者更好地了解品牌的背后故事，建立与品牌的情感联结。

短视频创意广告和形象宣传可以塑造积极的品牌形象。通过富有创意和独特性的短视频内容，品牌能够吸引消费者的注意力，传达品牌的个性和价值主张。创意广告和形象宣传可以通过视觉效果、音乐、故事情节等元素来吸引消费者，进而提升对品牌的认知和认可度。

短视频平台的社交互动和用户参与特点为品牌建设提供了机会。品牌可以制作引人入胜的短视频内容，鼓励用户进行点赞、评论和分享，并与用户互动。通过与用户的互动，品牌可以增加消费者对品牌的参与感和忠诚度，进一步建立稳固的品牌关系。此外，短视频平台也鼓励消费者生成与品牌相关的内容。品牌可以通过激励用户创作与品牌相关的短视频内容，来增加用户参与度和品牌曝光度。消费者生成的内容不仅可以扩大品牌的影响范围，还能够展示消费者对品牌的喜爱和忠诚度。

（四）教育

教育机构和教师利用短视频可以提供丰富多样的教学内容，例如制作和分享科学实验、数学问题解答、历史事件解读、文学分析等知识点

的解说视频。这种形式的教学视频能够以生动的视觉效果和简洁明了的语言，将复杂的概念和知识点传达给学生。短视频的简短时长使得学生可以快速获取所需知识，有助于提高学习效率和记忆效果。

另外，短视频在语言学习方面也具有重要应用。学习一门新语言时，通过观看短视频可以感受真实的语言环境和实际应用场景。语言学习者可以通过短视频学习和模仿正确的发音、语调和语言表达方式。短视频还可以呈现日常对话、情景剧等形式，让学习者更好地理解和运用所学语言。此外，短视频在实践性学科和技能培训方面也发挥了重要作用。例如，烹饪教程、绘画教学、音乐演奏技巧等领域的知识都可以通过短视频形式进行传播。学习者可以通过观看实际操作的短视频，了解正确的步骤和技巧，并进行实际操作练习。短视频的视觉效果和动态展示有助于学习者更好地理解和模仿技能的执行过程。

除了知识传授，短视频还可以促进学习者之间的互动和合作。学生可以通过评论和分享短视频与教师和其他学生互动交流，提出问题、分享心得和观点。这种互动和合作可以提高学习者的参与度和学习效果，并且为学习社区的形成提供了机会。

（五）新闻报道

短视频在新闻报道领域的应用正在迅速发展，它提供了一种快速、直观且吸引人的方式来报道新闻事件。新闻媒体利用短视频可以迅速将新闻事件的最新动态传播给广大观众，使信息传播更加迅捷和有效。

通过短视频，新闻媒体可以实时报道现场情况，将重要新闻事件以生动的画面呈现给观众。这样的报道能够通过视觉效果和声音，更直观地传达事件的现场氛围和细节，让观众更好地了解事件的发生过程和影响。短视频还可以通过配音、字幕和图表等方式提供相关的背景信息和解读，帮助观众更全面地理解新闻事件。社交媒体的普及也为新闻短视频的传播提供了广阔的平台。新闻媒体可以将短视频快速上传到社交媒体平台，通过分享和转发，使更多的人了解新闻事件的最新动态。短视频的快速传播和社交分享特性，有助于新闻媒体扩大新闻报道的影响范围，提高新闻的曝光度和传播效果。短视频还可以提高观众的参与度和互动性。观众可以通过评论、点赞和分享短视频与新闻媒体互动，表达自己的观点和评论。这种互动性能够促进新闻媒体与观众之间的交流和对话，使新闻报道更具参与性和多样性。

需要注意的是，新闻短视频的制作和报道仍需要遵循新闻伦理和准确性的原则。新闻媒体应该确保短视频报道的真实性和客观性，避免制造虚假信息或误导观众。同时，对于涉及敏感信息和紧急事件的报道，新闻媒体也需要慎重权衡公众利益和个人隐私等因素，以确保新闻报道的公正性和道德性。

（六）娱乐

短视频平台为观众提供了丰富多样的娱乐内容，包括搞笑片段、音乐舞蹈、电影和电视剧预告片等。

短视频平台上的搞笑片段和喜剧短片成了用户追逐欢乐和休闲放松的一种方式。这些短视频内容常常充满幽默、搞笑的元素，通过精彩的表演、剪辑和配乐等手段带给观众欢乐的体验。搞笑片段的短时长使其更易于消费和分享，使观众能够随时随地轻松愉快地享受娱乐。此外，音乐舞蹈类的短视频也在短视频平台上蓬勃发展。许多音乐人和舞者利用短视频展示自己的才华，与观众分享原创音乐作品和精彩的舞蹈表演。观众可以通过短视频欣赏各种类型的音乐和舞蹈，与艺术家进行互动和交流，从而为自己带来娱乐和享受。

电影和电视剧的预告片也成为短视频平台上的热门内容。电影和电视剧制作方通过短视频预告片来宣传和推广自己的作品，吸引观众的关注。观众可以通过观看短视频预告片来获取影视作品的一瞥，了解剧情梗概和演员阵容，从而引发观影的兴趣和期待。

五、短视频的未来发展趋势

随着科技的发展，特别是5G和人工智能等尖端技术的出现，短视频的未来发展将更加丰富和多元。首先，5G的高速度和大容量让短视频能以更快的速度加载，以更高的清晰度展现，为用户提供流畅且高质量的观看体验。这种技术的提高，将使得短视频更具吸引力，也为制作人提供了无限的创作可能性，如全景视频、高清画质和3D视觉效果等。

此外，人工智能的运用，特别是在推荐系统方面，可以让短视频的推荐更加精准，满足用户的个性化需求。通过分析用户的观看历史、搜索行为、互动反馈等信息，AI可以准确地理解用户的喜好，从而向用户推荐最符合其兴趣的内容。这不仅优化了用户的观看体验，也使得内容创作者更容易找到自己的目标受众。

短视频的内容和形式也将变得更加丰富多样。互动式和虚拟现实短视频将带来全新的观看体验。观众可以通过虚拟现实技术，身临其境地体验短视频的内容，这种高度互动和沉浸式的体验将短视频的吸引力提升到了新的水平。此外，各类新型短视频形式，如社交媒体中的“挑战”视频、教育教学视频、微电影等，都为用户提供了更多元的观看选择。

短视频的未来发展趋势是更加专业化、个性化和体验化。无论是技术的革新，还是内容形式的多样化，都将推动短视频行业进一步繁荣发展。

第二节 短视频的类型

一、搞笑短视频

搞笑短视频是当前网络社区中极其受欢迎的一种类型。它们以轻松、幽默的风格吸引了大批观众，这些视频往往具有很强的传播性，因为人们喜欢分享能够让自己和他人开怀大笑的内容。它们有些是由专业的喜剧团队制作的，也有一些是由普通网民用智能手机随意拍摄的，丰富的来源为这类视频带来了无穷的活力。

（一）创意和艺术表现形式

搞笑短视频作为一种娱乐形式，融合了丰富的创意和艺术表现形式。为了吸引观众的注意力，创作者们常常探索和尝试不同的拍摄手法、剪辑技巧和特效制作，以创造出独特的搞笑元素和情境。这些创意和艺术表现形式不仅为观众带来了欢乐和娱乐，也展现了创作者对社会生活的观察和洞察。

搞笑短视频在拍摄手法上常常运用创意和技巧。创作者们会尝试使用特殊的摄影角度、运动相机、快速剪辑、镜头变焦等手法，以创造出令人意想不到和滑稽可笑的效果。通过这些创新的拍摄手法，搞笑短视频能够更好地捕捉到喜剧元素，引发观众的笑声和欢乐。剪辑技巧在搞笑短视频中扮演着重要角色。剪辑是将拍摄的素材进行整合和组合，通过调整镜头的顺序、快速切换和节奏掌握，创造出搞笑的效果。创作者们常常通过剪辑的方式将不同场景和元素巧妙地组合在一起，营造出出人意料和滑稽可笑的效果。剪辑的艺术性和创意性在搞笑短视频中发挥着重要作用。

特效制作为搞笑短视频提供了更多的创意表现方式。创作者们可以运用各种特效技术，如变形、翻转、慢动作、加速等，来增加搞笑的效果。通过运用特效，搞笑短视频可以创造出超现实的场景和搞笑的形象，增加观众的娱乐性和惊喜感。

在搞笑短视频的创意和艺术表现形式背后，还体现了创作者对社会生活的观察和洞察。搞笑短视频常常通过夸张、讽刺、模仿等方式来揭示和调侃社会现象、人物行为或文化现象。创作者们把对社会的观察转化为幽默的表现形式，让观众在欢笑中进行思考和反思。

搞笑短视频的创意和艺术表现形式丰富多样。通过创新的拍摄手法、剪辑技巧和特效制作，创作者们创造出令人意想不到和滑稽可笑的效果。同时，搞笑短视频也通过夸张、讽刺等方式呈现社会观察和洞察，使观众在欢乐中思考。这些创意和艺术表现形式使搞笑短视频成为一种有趣且富有创造力的娱乐形式，为观众带来快乐和欢笑。

（二）对社会文化的影响和反映

搞笑短视频作为一种娱乐形式，不仅能带来欢乐和娱乐，同时也在一定程度上反映和影响社会文化。它们以幽默诙谐的方式对社会现象进行描绘和讽刺，通过搞笑的手法引发观众的共鸣和反思。

搞笑短视频通过对社会现象的描绘和讽刺，反映了社会的一些问题和特点。创作者们常常通过夸张、模仿、对比等手法，让观众在欢笑中思考社会的各种现象和行为。搞笑短视频可以触及人们共同关注的话题，如社交媒体、生活方式、人际关系、工作压力等，通过幽默的方式传达对这些问题的见解和态度。搞笑短视频在一定程度上影响和塑造着社会文化。通过幽默和搞笑的方式，这些视频能够快速传播和被观众接受。一些具有影响力的搞笑短视频内容，甚至能够成为流行文化的一部分，引发社会上的模仿和话题讨论。这些视频也会影响人们的思维方式和价值观念，塑造出轻松、幽默的社会氛围。此外，搞笑短视频还成为一种特殊的社会表达方式，被用来表达观点和情感。创作者们可以通过搞笑的方式传达自己对某个问题的看法或表达情感，触动观众的心弦。这种类型的视频可以在短时间内传递信息和情感，具有快速、直接的影响力。

然而，需要注意的是，搞笑短视频对社会的影响力和反映程度有限。它们往往只能触及社会文化的表面，而无法深入探讨和解决问题。观众在欣赏搞笑短视频时应保持一定的辨识力，理性看待其中所呈现的观点和情境。

搞笑短视频作为一种娱乐形式，不仅能带来欢乐和娱乐，同时也反映和影响社会文化。通过对社会现象的描绘和讽刺，搞笑短视频反映了社会的一些问题和特点。它们也成为一种特殊的社会表达方式，用来表达观点和情感。然而，搞笑短视频对社会的影响力和反映程度有限，观众应保持理性和辨识力，从中获取娱乐和启发。

（三）搞笑短视频面临的挑战

搞笑短视频的制作和传播面临创新、观众需求多样性、内容质量和时长的挑战。此外，搞笑与文化的平衡、竞争激烈以及版权和侵权问题也是创作者需要注意的重要问题。克服这些挑战需要创作者们保持创新力和原创性，理解观众需求并提供高质量的内容，同时遵守法律法规和维护道德伦理。

1. 创新和原创性

随着搞笑短视频的普及，观众对于内容的需求和期待不断提高。创作者们需要不断创新，保持原创性，以吸引观众的注意力。然而，原创性的挑战在于如何创造出独特且令人印象深刻的搞笑内容，避免踏入模仿和重复的陷阱。

2. 观众的喜好和多样性

观众的喜好和口味是多样的，对搞笑短视频的喜好也因人而异。创作者们需要理解观众的需求，并根据不同的受众群体制作内容。这就意味着创作者需要不断了解和适应观众的喜好变化，同时在保持个人风格的同时满足广大观众的期待。

3. 内容质量和时长

搞笑短视频通常时间较短，一般在几十秒到几分钟之间。在有限的时间内传递足够的笑点和内容是一项挑战。创作者需要精确掌握时间和剧情节奏，确保在短时间内传达足够的笑点和娱乐价值，同时保持内容的质量和连贯性。

4. 搞笑与文化的平衡

搞笑短视频往往基于对社会文化现象的讽刺和描绘，但创作者们需要保持平衡，避免触及敏感话题或侮辱他人的行为。在表达搞笑的同时，创作者们需要注意遵守道德和伦理，避免产生负面影响。

5. 竞争和市场饱和

随着搞笑短视频的流行，市场竞争变得非常激烈。许多创作者和平台都在努力创作吸引人的搞笑内容，争夺观众的关注和点击量。这使得创作者们需要更加努力创新和提高质量，以在竞争激烈的市场中脱颖而出。

6. 版权和侵权问题

在搞笑短视频的制作过程中，创作者需要注意版权和侵权问题。使用未经授权的音乐、图像或视频素材可能导致版权纠纷和法律风险。创作者需要遵守相关法律法规，确保使用的素材合法并避免出现侵权问题。

二、日常生活分享短视频

日常生活分享短视频主要是对创作者日常生活的展示，可以包括日常活动、饮食、健康、健身、家庭生活等内容。这类视频的特性是真实、亲近和直接，它们让观众有机会了解和联系创作者的个人生活，并建立一种共享生活体验的感觉。

（一）艺术表现形式

日常生活分享短视频是一种非常独特的艺术形式，它以多种创意和艺术表现形式展现创作者的日常生活。这些视频可以以不同的风格和目的来呈现，让观众有机会以新的视角来看待日常生活。其中一种常见的形式是纪实风格的视频，它力求真实地记录生活，不过多地进行剪辑和演绎。这样的视频通过观察性的拍摄风格，捕捉生活中的实际情境，让观众能够亲身感受创作者的日常活动、习惯和家庭生活。另一种常见形式是日常 Vlog，创作者以第一人称视角记录他们的日常生活，并向观众讲述他们的经验和感受。这种形式的视频让观众更亲近创作者，能够更好地了解他们的生活，包括旅行经历、兴趣爱好、日常琐事以及一些有趣的故事。短片剧情是一种更有创意的形式，创作者以小短片的形式来讲述日常生活中的故事。他们可能记录制作早餐的过程，展示一次有趣的购物体验，或者描述个人的日常琐事。这种形式通常需要更精细的剪辑和后期制作，以营造出更加引人入胜的故事情节。

时尚和美妆类视频是另一种常见的形式，创作者分享他们的个人风格、时尚搭配、美妆技巧，甚至是家居装饰等。这些视频可以给观众提供时尚灵感和美妆技巧，并让他们了解创作者的个人风格和品位。还有一种形式是“幕后”视频，它展示了创作者日常生活的背后故事。观众有机会了解创作者的工作、家庭、朋友，甚至是他们的个人喜好和习惯。这种形式让观众更深入地了解创作者的生活背景和日常生活的方方面面。此外，创作者还可以分享日常教学视频，教授观众各种专业知识，例如烹饪、园艺、手工艺、修理家居等。这些视频提供了特定领域技巧和知识的指导，让观众能够学习新的技能。

日常生活分享短视频以多样的表现形式和创新的内容，让创作者有机会以各种有趣的方式来展示他们的日常生活，同时也让观众以新的视角来看待并参与其中。这种艺术形式为人们提供了一种欣赏和分享日常生活的新途径。

（二）对社会文化的影响

日常生活分享短视频对社会文化产生了广泛的影响并反映了当代社会的一些趋势和价值观。短视频平台和社交媒体的普及使得个人能够轻松地分享他们的日常生活，这种分享形式增强了社交互动和联结。人们可以通过观看和评论短视频来建立社交联系，扩大社交圈子，甚至结交新朋友。这种交流方式打破了传统媒体的限制，使得个人的日常生活得以广泛传播和交流。

日常生活分享短视频也反映了个人对于自我表达和个性展示的追求。创作者通过视频展示他们的兴趣爱好、个人风格和特点，以及他们对生活的态度和价值观。这种个人表达形式帮助塑造了一种多元化的文化氛围，让人们能够接触到各种不同的观点和生活方式。此外，短视频平台也促进了创作者之间的互动和合作。通过观察和学习其他创作者的作品，人们可以获得灵感和创意，并与其他人分享自己的想法和技巧。这种创作和互动的过程推动了创意产业的发展，为人们提供了更多的就业机会和创业平台。

日常生活分享短视频对商业和品牌推广也产生了重要影响。越来越多的品牌和公司意识到短视频平台的潜力，他们与创作者合作，通过在视频中展示产品或服务来推广自己。这种形式的广告更加接地气，可与观众更直接地互动，提高了品牌的知名度和认可度。

日常生活分享短视频通过促进社交互动、个人表达和创意合作，对社会文化产生了深远影响。它反映了当代社会的多样性和个性化追求，同时也引发了对于真实性和虚假性的讨论。随着技术的不断进步和社会的变化，短视频的影响力和重要性还将不断提高。

（三）日常生活分享短视频的挑战

第一，虚假性和过度美化。在追求点赞和关注的动机下，一些创作者可能倾向于展示生活中的美好和成功，而隐藏现实中的困难和挫折。这种虚假呈现可能误导观众，导致观众对自身生活产生不满和焦虑感，并对身份认同产生困惑。因此，观众需要保持辨识力，意识到短视频中的内容可能经过精心编辑和策划，不完全反映创作者的真实生活。

第二，隐私和安全。通过分享个人生活的细节和场景，创作者可能暴露自己和他人的隐私。此外，不当使用或滥用个人信息的风险也存在。创作者和观众都需要意识对保护自己的隐私，并采取适当的安全措施，避免不必要的风险和后果。

第三，信息过载和注意力分散。短视频平台上充斥着大量的内容和创作者，观众往往面临选择困难和时间压力。这可能导致观众浏览视频的速度加快，无法充分理解和消化内容。同时，长时间暴露在短视频的刺激和娱乐性环境中也可能对注意力和集中力产生负面影响。因此，观众需要保持审慎和理性，合理分配时间和注意力。

第四，版权和知识产权问题。有些创作者可能在未经授权的情况下使用他人的音乐、影像或其他创作内容，侵犯了他人的知识产权。这种侵权行为可能导致法律纠纷和声誉损害。因此，创作者应该尊重他人的知识产权，并遵守相关的版权法律和规定。

第五，与短视频相关的社交压力和心理健康问题。在追求点赞和关注的过程中，创作者和观众可能感受到社交评价和比较带来的压力。追求完美和社交认可可能对个人的心理健康产生负面影响。

三、教学教育短视频

教学教育短视频是指用于教育和学习目的的短时长视频内容，通常以生动的图像、文字和声音呈现，旨在传递知识、解释概念、演示技能或提供教育指导。这些视频通常具有教育目标，旨在帮助观众学习和理解特定的学科、主题或技能。

（一）艺术表现形式

教学教育短视频不仅仅是传递知识和教育指导的工具，也是创作者展现创意和艺术表现的平台。通过使用视觉设计、故事叙述、创新的演示方式、视频剪辑和音效以及互动性和参与度，创作者可以将教育内容呈现得更加生动、有趣和艺术化，提升观众的学习体验和情感共鸣。这种创意和艺术表现形式为教学教育短视频增添了独特的魅力和吸引力。

1. 视觉设计

创作者可以运用各种视觉设计元素，如图形、颜色、字体等，来增强视频的吸引力和表现力。通过精心设计的画面构图、动画效果和视觉效果，创作者可以营造出独特的视觉风格，使视频更具观赏性和艺术性。

2. 故事叙述

即使是教育教学的内容，创作者也可以运用故事叙述的技巧来吸引观众的注意力并增强信息的传达。通过构建有情节和情感的故事，创作者可以使教育内容更加生动有趣，让观众更容易理解和记忆。

3. 创新的演示方式

创作者可以采用创新的演示方式来展示知识和技能。例如，使用动画、实物模型、虚拟现实等技术，将抽象的概念或复杂的过程转化为直观且易于理解的形式。这种创新的演示方式可以激发观众的兴趣，并帮助他们更好地理解和应用所学的内容。

4. 视频剪辑和音效

创作者可以运用精细的视频剪辑和音效来增强视频的表现力和情感

共鸣。通过合理的剪辑节奏、镜头切换和音乐选择，创作者可以创造出戏剧性、引人入胜的效果，使观众更加投入、更愿参与。

5. 互动性和参与度

创作者可以通过增加互动性和参与度来提升教学教育短视频的创意和艺术表现。例如，加入互动题目、测验或实践任务，让观众积极参与学习过程。这种互动性可以增加观众的兴趣和参与度，并提高学习的效果和乐趣。

（二）对社会文化的影响

教学教育短视频对社会文化产生了广泛的影响并反映了当代社会的一些趋势和价值观。教学教育短视频通过提供灵活、便捷的学习方式，推动了教育的普及度和可及性。在线教育平台和社交媒体分享的短视频使得知识和教育资源更加容易获取和共享，扩大了学习的范围和机会。这种普及教育的趋势反映了社会对于教育的重视和追求，同时也推动了教育体系的变革和创新。

教学教育短视频具有跨越语言和文化障碍的特点，促进了跨文化的教育交流。通过多模式的传达方式，短视频使得教育内容可以被更多不同文化背景的人理解和接触。这种跨文化交流有助于增进人们的相互理解和尊重，促进文化多样性的发展。

教学教育短视频推动了创新教学模式的发展。创作者通过运用多种创意和艺术表现形式，使教育内容更加生动有趣，增强了学习的参与度和效果。这种创新教学模式反映了社会对于教育方式的不断追求和变革。通过短视频的创意呈现，教育变得更具吸引力和互动性，培养了学习者的创造力和批判思维能力。

社交互动和共享学习是教学教育短视频的另一个重要特点。观众可以通过评论、提问和分享自己的理解和经验，与其他观众进行互动和交流。这种社交互动和共享学习的模式加强了学习者之间的联系和合作，促进了知识共享和协作学习。这反映了社会对于合作和社交性学习的重视，同时也促进了社会互动和社区共建的发展。

教学教育短视频的普及和使用还培养了观众的创造力和批判思维能力。观众在观看短视频的过程中，需要思考和分析所学的内容，提出问题和解决问题。这种培养创造力和批判思维的方式有助于发展个人的综合素养，提高社会的创新能力和问题解决能力。

教学教育短视频通过教育普及度和可及性、跨文化交流、创新教学模式、社交互动和共享学习，以及培养创造力和批判思维能力等方面的影响，反映了当代社会对于教育的重视和追求。它为教育带来了新的机遇和挑战，促进了教育的发展和进步，同时塑造和反映了社会文化的多样性和变迁。

（三）教育教学短视频面临的挑战

教育教学短视频虽然在教育领域具有许多优势和潜力，但也面临一些挑战和问题。

1. 质量控制

随着教育教学短视频的普及和数量增加，确保视频质量和内容的准确性成为一个挑战。创作者需要具备教育专业知识和技能，以确保他们传递的知识和信息是正确、完整和有效的。缺乏质量控制可能导致观众收到错误或误导性的信息，影响他们的学习效果。

2. 个体差异和个性化教育

教学教育短视频往往是一种集体化的教育形式，无法充分满足不同学习者的个体差异和学习需求。每个学习者的学习风格、节奏和能力都不同，因此需要更加个性化的教育方法和指导。短视频难以提供个体化的反馈和指导，可能无法满足每个学习者的需求。

3. 知识浅尝辄止和学习负担

由于短视频的时间限制和表现形式的限制，教学内容往往只能涉及一些基础知识和概念。这种浅尝辄止的学习方式可能无法提供足够的深度和广度，限制了学习者的知识扩展和深入理解。此外，过多依赖教学教育短视频可能会增加学习者的学习负担，因为他们需要不断观看和消化大量的视频内容。

4. 技术和数字鸿沟

尽管教学教育短视频在普及程度上取得了很大进展，但仍然存在技术和数字鸿沟的问题。有些学习者可能没有适当的设备或网络连接来观看和参与教学教育短视频，导致他们无法充分享受到这种学习方式的益处。这种不平等的技术条件可能加剧教育不公平现象。

5. 缺乏互动和实践机会

教学教育短视频往往无法提供充分的互动和实践机会。学习者可能面临缺乏实践操作、实验和讨论机会的问题，无法真正将所学知识应用于实际情境中。互动和实践是有效学习的重要组成部分，缺乏这些元素可能影响学习效果和深度。

教育教学短视频面临质量控制、个体差异和个性化教育、知识浅尝辄止和学习负担、技术和数字鸿沟，以及缺乏互动和实践机会等挑战。解决这些挑战需要创作者、教育机构和技术平台共同努力，以提供更高质量、个性化、深度和互动性的教育教学短视频体验。

四、旅游分享短视频

旅游分享短视频是指通过短时长视频内容来展示和分享旅游经历、目的地风景、文化特色和旅行建议等与旅游相关的内容。这些视频通常以图像、文字和声音的形式呈现，通过视觉和听觉的交互作用，让观众快速了解和体验旅游目的地的魅力和特色。

（一）艺术表现形式

通过创意和艺术表现形式的运用，旅游分享短视频可以超越简单的风景展示，为观众带来更丰富、生动和艺术化的旅行体验。创作者的创意和艺术表现为视频注入了独特的魅力，使观众能够在观赏中感受到旅游的魅力。

1. 视觉叙事

创作者可以通过巧妙的拍摄角度、镜头运动和图像处理技巧，构建引人入胜的视觉叙事。他们可以运用色彩、光影和构图等元素，营造出独特的视觉风格，让观众沉浸在旅游目的地的美丽和独特之中。

2. 音乐和音效

选择合适的音乐和音效可以增强旅游分享短视频的氛围和情感。创作者可以运用音乐的节奏、旋律和情绪来与视频内容相配合，营造出更加丰富和动感的观赏体验，也可以运用音效来增强观众对目的地的沉浸感，例如自然环境的声音或当地特色音乐。

3. 视觉效果和后期制作

通过运用特殊的视觉效果和后期制作技术，创作者可以赋予视频独特的艺术风格和创意表现。例如，应用特殊的滤镜效果、视觉特效或图形处理，可以打造出梦幻、惊悚或浪漫的氛围，使视频更具艺术感和表现力。

4. 故事叙述和剧情

旅游分享短视频并不仅仅展示风景和景点，创作者可以通过构建故事情节和剧情，赋予视频更深层次的意义。他们可以通过人物角色、情感线索和情节发展，引发观众的共鸣和情感体验，使视频更具故事性和艺术性。

5. 创新的拍摄技术和表现手法

创作者可以运用创新的拍摄技术和表现手法，将独特的视角和视觉效果应用于旅游分享短视频中。例如，运用无人机拍摄、时间延缓摄影、跟踪镜头等技术，可以展现出令人惊叹的画面和视觉效果，增加视频的创新性和艺术性。

（二）对社会文化的影响

旅游分享短视频在社会文化方面产生了广泛的影响并反映了当代社会的一些趋势和价值观。

旅游分享短视频对旅游推广和经济发展具有重要影响。通过展示目的地的美景、文化特色和旅行体验，旅游分享短视频吸引了更多的游客，促进了旅游业的发展和经济增长。同时，这也对当地社会经济、就业和基础设施产生了积极的影响。旅游分享短视频促进了跨文化交流和理解。通过展示不同地域和文化的景点、人文风情和传统习俗，旅游分

享短视频增进了不同文化之间的相互认知和尊重。观看这些视频的人们可以更加直观地了解和体验不同文化的多样性，促进了跨文化的交流和理解。

旅游分享短视频不仅传播旅游知识，还宣传旅游礼仪、文化遗产保护、环境保护等重要信息。观看者能够通过视频了解旅游的责任和可持续性，提高对旅游教育和环境保护的重视。此外，旅游分享短视频对人们的旅游态度和体验观念产生影响。通过观看这些视频，人们可能受到启发和激励，改变对旅游的看法和产生更多的期待。他们追求更加深刻、丰富和有意义的旅行体验，注重本地化、真实性和文化交流，而非只关注表面的景点观光。

在社交媒体时代，旅游分享短视频也扮演着重要角色。这些视频在社交媒体平台上广泛传播，成为旅行者和创作者展示和分享旅游经验的一种方式。这种分享和传播形式不仅扩大了旅游内容的影响范围，还增加了个人的社交影响力。许多旅行者通过分享自己的旅游经历和见解，成了旅游领域的意见领袖和灵感来源。

旅游分享短视频通过旅游推广和经济发展、跨文化交流和理解、旅游教育和环境保护、旅游态度和体验观念的影响，以及在社交媒体平台上的个人影响力，对社会文化产生了深远的影响并反映了当代社会对旅游的态度和趋势。

（三）旅游分享短视频面临的挑战

1. 视频质量和真实性

创作者需要确保视频内容的质量和准确性，避免使用过度编辑和虚构的手法。观众对于真实的旅游体验和信息的要求越来越高，因此视频内容的真实性至关重要。

2. 版权和知识产权

在旅游分享短视频中使用的音乐、图片和其他素材可能涉及版权和知识产权的问题。创作者需要确保自己拥有合法的使用权或使用免费授权的素材，以避免侵犯他人的权益。同时，也需要注意遵守平台的相关规定和政策。

3. 目的地过度营销和旅游过载

旅游分享短视频的普及和传播可能导致一些目的地过度营销和旅游过载的问题。某些受欢迎的旅游目的地可能面临过度开发和游客拥堵的挑战，影响当地环境、文化和社区。创作者需要关注可持续旅游和环境保护的问题，避免对目的地产生负面影响。

4. 持久的观众吸引和留存

旅游分享短视频需要在竞争激烈的社交媒体平台上吸引观众的注意力并留住他们。观众的兴趣和关注往往是短暂的，因此创作者需要不断创新并提供有吸引力的内容，才能保持观众的持久关注和参与。

5. 社会责任和道德考量

旅游分享短视频的创作和传播需要考虑社会责任和道德问题。创作者应避免过度商业化和迎合短期利益，应注重推广可持续旅游、尊重当地文化和社区，以及传递正确的价值观和行为准则。

6. 技术和资源限制

制作高质量的旅游分享短视频可能需要专业的摄影和视频制作技术，以及适当的设备和软件。这对于个人创作者而言可能存在技术和资源的限制。创作者需要适应技术进步并寻找创新的方式来克服这些困难。

五、产品营销短视频

产品营销短视频是一种通过利用短视频这一媒介，以吸引、引导和激发消费者购买欲望，进而推动产品销售的营销手段。这种类型的视频通常时间短，信息密集，旨在在用户的短暂注意力跨度内传达关键信息，并引发感兴趣的潜在消费者的行动。由于产品营销短视频富有创意和视觉吸引力，目前已经成了品牌和企业的主要营销工具。

（一）艺术表现形式

在产品营销短视频中，选择适当的艺术表现形式至关重要，因为它决定了如何将产品信息有效地传达给受众。由于受到时间限制，创作者必须巧妙地运用各种视觉和听觉艺术元素，以吸引观众的注意力并激发他们的情感共鸣。

1. 色彩

通过选择适宜的色彩和配色方案，可以创造出特定的情绪和氛围。明亮的色彩可以传达活力和创新的形象，而柔和的色彩则可以营造出温馨和放松的感觉。通过利用色彩的心理学效应，创作者可以通过视觉感知来增强视频的吸引力和记忆性。

2. 音乐

通过选择合适的背景音乐，可以增强视频的情感冲击力和吸引力。音乐的节奏、曲调和情绪可以与视频的节奏和内容相匹配，从而加强信息的传达和观众的情感共鸣。通过巧妙地运用音乐，创作者可以在有限的时间内引起观众的注意，并帮助他们更好地理解产品的特点和价值。

3. 视觉效果

视觉效果通过图像处理和后期制作技术来增强视频的视觉吸引力和表现力。例如，使用特殊的过渡效果、动态文字或动画图形，可以使视频更加生动有趣。视觉效果还可以突出产品的特点、功能或优势，并在短时间内传达更多的信息。通过精心设计的视觉效果，创作者可以吸引观众的目光，并帮助他们更好地记住和理解产品。

4. 故事叙述

此种表现形式可以引发观众的情感共鸣并激发他们的购买意愿。通过构建引人入胜的故事情节，将产品融入其中，并展示产品在解决问题或满足需求方面的作用，创作者可以让观众更好地理解和记忆产品的价值。故事叙述能够创造出情感联系，使观众产生共鸣，并激发他们的购买欲望。

（二）对社会文化的影响

产品营销短视频在推动消费文化方面发挥着重要作用。通过这些短视频，产品和消费理念能够更加深入地渗透到人们的日常生活。短视频作为一种直观、简洁的传播媒介，能够有效地展示产品的特点和优势，引发观众的购买欲望。通过短视频中呈现的各种生动、刺激的场景和情节，消费者对产品的认知和体验得到了极大的提升。这种推动作用使得产品和消费成为社会文化的重要组成部分，并且深刻影响人们的消费行为和消费观念。

一些产品营销短视频已经成了流行文化的一部分，引发了一种新的消费者行为，即"病毒式传播"。当一个产品营销短视频具有吸引力、创意和趣味性时，它往往会在社交媒体和视频分享平台上迅速传播。这种传播方式不仅扩大了产品的知名度，也形成了一种社交现象和话题，引发了广泛的讨论和分享。这种病毒式传播对于品牌而言是一种宝贵的营销机会，同时也对社会文化产生了持久的影响，塑造了一种新的消费文化和传播模式。

产品营销短视频还在一定程度上塑造了人们的审美观和生活方式。这些视频通过精心策划的画面、音乐、故事情节和演员形象，传达出一种独特的品牌形象和生活理念。观看者在欣赏这些短视频时，会对其中呈现的美学元素和生活方式产生共鸣和认同，进而受到其影响。这些短视频所传达的品牌形象和生活理念可以激发人们对美的追求，引导他们改变生活方式和消费行为。因此，产品营销短视频对人们的审美观念、价值观和生活方式产生了深远的影响。

（三）产品营销短视频面临的挑战

用户的注意力跨度越来越短，如何在短短几秒钟内吸引用户的注意力并传达关键信息是一个重大挑战。人们在浏览短视频时，往往会快速滑过或跳过广告，因此品牌和企业需要通过有创意和吸引力强的内容迅速吸引观众的注意。在有限的时间内打动观众，引起他们的兴趣和共鸣，并让他们产生购买或参与的意愿，需要创作者具备高度的创意和传播技巧。

随着短视频平台的爆发式增长，市场竞争日益激烈，品牌和企业需要找到方法让自己的视频在海量的内容中脱颖而出。在这个信息爆炸的时代，观众被各种各样的短视频包围，但他们的时间和关注力是有限的。因此，品牌和企业需要不断创新和优化短视频的内容、形式和传播方式，以在竞争激烈的市场中抢占观众的眼球并留下深刻印象。

产品营销短视频需要在传递产品信息的同时，也兼顾艺术性和娱乐性。观众对单调枯燥的广告内容已经产生了审美疲劳，他们更加偏向于接受有趣、富有创意和艺术性的视频内容。因此，创作者需要具备高超的创作技巧和审美水平，将产品信息巧妙地融入有趣、富有吸引力的短视频中，以吸引观众的关注并产生共鸣。制作一个高质量的短视频需要专业的摄制设备、剪辑软件和人才团队，这些都需要投入一定的资金。对于资源有限的品牌和企业而言，他们需要寻找适合自己预算的制作方案，并充分发挥创意和创新，以使用有限的资源实现最大的效果。

第三节　短视频的特征与社交功能

一、短视频的特征

短视频不同于微电影和直播，顾名思义，其以“短”小见长[①]。短视频的特征如下。

（一）时长短

短视频的时长短是其独特特点之一。这种视频时长通常为几十秒到几分钟之间，因此能够快速吸引观众的注意力并引起他们的兴趣。在当今快节奏的生活中，人们的注意力往往很容易分散，所以较短的视频时长能够更好地抓住观众的眼球，增加观看的可能性。

短视频的时长短要求内容的表达更加简洁明了。由于时间限制，创作者必须在有限的时间内传达信息和情感。这种简洁的表达方式提高了信息传递的效率，避免了冗长的叙述，使观众更容易吸收和记忆视频的内容。由于时长有限，创作者通常采用更快的节奏来呈现画面、音乐和

---

① 司若，许婉钰，刘鸿彦．短视频产业研究 [M]. 北京：中国传媒大学出版社，2018：109.

剪辑等元素。这种紧凑而有力的设计保持了观看的动感和紧凑感，让观众在短时间内获取更多的信息和娱乐。同时，观众也能够节省观看视频的时间，适应快节奏的现代生活方式。短视频的时长短也与移动设备的普及密切相关。随着智能手机的普及和移动网络的发展，人们越来越多地使用移动设备观看视频内容。在移动设备上观看长时间的视频可能会导致观看体验不佳和耗电过快的问题。而短视频的时长短，更适合在移动设备上观看，它不仅能够提供更好的观看体验，还能够节省设备电量，更加符合移动观看的需求。

短视频的时长短使其具有迅速吸引观众的能力，简洁明了的内容表达，快节奏的节奏感和适应移动设备观看的特点。它们满足了现代社会对快速、简洁和高效信息传递的需求，并为观众提供了更好的观看体验。

（二）制作简单

相较于长篇视频或电影，短视频的制作过程更加简便，由于短视频的时长短暂，创作者只需要投入较少的时间和资源即可完成一个短视频项目。相比于长篇作品，短视频制作过程更加迅速，创作者能够以更经济高效的方式完成作品。这也使得创作者在时间和资源方面能够更加灵活地应对制作需求。

制作短视频所需的人员和设备要求相对较低。相较于庞大的制作团队和大量的设备设施，短视频制作只需要少量的创作者和简单的设备，通常只需要一个或几个人来拍摄、剪辑和制作，甚至可以使用普通的智能手机、摄像机或简单的视频编辑软件就可完成。这种简化的制作流程降低了制作门槛，让更多的人有机会参与短视频制作。短视频的剧情和场景设计相对简洁。由于时长有限，创作者需要在有限的时间内传达清晰的剧情和情感。这使得短视频的剧情和场景设计相对简单，能够集中在关键情节和核心信息上，省略不必要的复杂环节和细节，从而使制作过程更加简单。

短视频的后期制作和发布也相对迅速。由于时长短，剪辑和编辑的工作量相对较小，可以更快速地完成。此外，短视频通常以轻松、娱乐

和即时的形式呈现，不需要做过多的特效处理或复杂的后期制作。这使得创作者能够更快地将短视频发布到各种在线平台和社交媒体上，与观众分享。

短视频的制作简单是其显著的特点之一。它通过较低的时间和资源成本、少量的创作者和设备需求、简洁的剧情和场景设计以及快速的后期制作和发布等方式，降低了制作门槛，使更多人能够参与短视频制作，并且能够更快速地完成和发布视频作品。这为创作者提供了更大的创作自由度和更多的机会，也为观众带来了更多多样化的短视频内容。

（三）主旨明确

由于短视频的时长有限，创作者必须将主要信息和核心内容明确地呈现给观众，突出核心信息。通过简短的故事情节、明确的主题或突出的观点，短视频能够精准地传达创作者的意图和信息。这种主旨明确的特点不仅能够吸引观众的注意力，而且能够集中他们的注意力。

短视频通过主旨明确来集中观众的注意力。通过明确的主旨，创作者能够迅速与观众产生共鸣，引发他们的兴趣和情感共鸣。这种集中观众注意力的能力使得短视频在信息传递和内容吸引方面更具优势。

此外，短视频的主旨明确要求创作者在内容表达上更加简明扼要。短视频通常采用简洁而直接的方式来传达信息，避免冗长的叙述和复杂的情节发展。创作者需要精心选择和组织素材，将主题和意图以简单清晰的方式传达给观众。这种简明扼要的表达方式能够有效地引导观众的关注和理解，使他们更好地领会视频的主旨。

主旨明确的短视频往往能够引发观众的情感共鸣。通过准确传达主题和情感，创作者能够创造出引人入胜的故事情节或观点，激发观众的情感反应。短视频通过情感共鸣，让观众与内容产生共鸣和情感联结，从而更加深入地理解和体验视频所要表达的主旨。

短视频的主旨明确是其独特的特点之一。通过突出核心信息、集中观众注意力、简明扼要的表达方式和引发情感共鸣，短视频能够精准地传达创作者的意图和信息，引发观众的兴趣和情感共鸣。这使得短视频成为一种高效而有力的传播工具，能够在有限的时间内传递清晰而有力的主旨。

（四）快餐传播

随着5G网络的普及和移动设备的智能化，人们利用休闲时间浏览媒体已成为现代生活中不可或缺的一种生活方式。在碎片化的时间里，人们希望能够有效地获取信息，这也成为他们筛选信息的标准之一。相比于花费几十分钟观看一集电视剧，人们更倾向于选择观看一些短视频，因为短视频能够在有限的时间内给他们带来更大的信息量。

在当今越来越快餐化传播的时代，人们追求在有限的时间内获得最大的信息量。短视频的特点正好满足了这一需求。短视频“直奔主题、传播迅速、信息直观”的特点，将复杂的内容精简为简洁明了的片段。创作者在短时间内传达核心信息，使观众能够迅速理解和消化。这种快速传播的特点与快餐传播的要求相吻合。短视频的快餐传播特点使其在信息传递中具有优势。观众可以在短时间内获取大量信息，无须投入过多的时间和精力。这对于忙碌的现代人而言是非常吸引人的，因为他们可以在短暂的休息时间内迅速获得、娱乐或学习一些新知识。

另外，短视频的快速传播也符合人们利用碎片化时间的需求。短视频通常以几分钟为单位，正好适合人们在公交车上、排队等待或休息时间中观看。观众可以随时随地通过移动设备观看短视频，无须等待或投入较长的观看时间。

短视频的快餐传播特点使其成为现代社会中受欢迎的内容形式之一。它以“直奔主题、传播迅速、信息直观”的特点满足了人们在有限时间内获取最大信息量的需求。短视频的快速传播与碎片化时间的利用相契合，让观众能够在短暂的时间里获得娱乐、知识或者信息，适应快节奏的生活方式。

（五）营销效应

通过在社交媒体和视频平台上分享短视频，个人和品牌可以获得更多的关注和推广效果。短视频的时长短、制作简单和主旨明确等特点使

得其在营销领域具有广泛的应用。短视频的时长短能够吸引观众的注意力。在信息爆炸的时代，人们的注意力往往难以长时间集中在一件事情上。短视频的时长短暂使得观众更容易投入时间观看，并在有限的时间内获取更多信息。品牌和个人可以通过制作有趣、创新和引人入胜的短视频来吸引观众的关注，并让他们对产品、服务或内容产生兴趣。短视频的制作简单使得个人和品牌能够更容易地制作和发布内容。相比于长篇视频或电视广告，制作短视频所需的时间、资源和人员成本较低。这使得更多的人可以参与短视频制作，创造出丰富多样的内容。品牌可以利用短视频来展示产品特点、提供使用指南或展示品牌故事，吸引潜在消费者的关注。个人自媒体也可以通过制作短视频来展示自己的才华、分享经验或传达观点，吸引更多的粉丝和关注者。短视频的主旨明确使得品牌和个人能够更精准地传达信息和宣传理念。短视频通常以简明扼要的方式呈现内容，通过直接、生动的表达方式吸引观众。品牌可以在短视频中突出产品的优势、特点和创新之处，打动观众并引导他们购买或使用。个人自媒体可以通过短视频表达自己的观点、分享知识或传递情感，吸引粉丝的共鸣和关注。

短视频在营销领域具有显著的效应。通过在社交媒体和视频平台上分享短视频，个人和品牌可以利用短视频的时长短、制作简单和主旨明确等特点获得更多的关注和推广效果。短视频能够吸引观众的注意力，精准传达信息，而且制作简单，可以帮助品牌实现营销目标并提升知名度。

二、短视频的社交功能

短视频作为一个重要的社交媒体工具，以其快速、简单、直接和高效的特点，为用户提供了丰富的互动交流机会。其社交功能如下所述。

（一）内容分享

短视频是以内容为中心的社交工具，用户可以创作和分享各种类型的短视频。用户可以通过短视频表达自己的生活日常、技能教程、旅行体验、美食制作等内容。通过分享这些短视频，用户能够展示自己的生活和技能，同时能分享个人的观点和想法。通过分享个人的生活日常，用户可以向朋友、家人和社交网络的关注者展示自己的生活方式、喜好和兴趣。这种内容分享带来的互动可以增进人际关系和友谊，让用户感到被关注和支持。

技能教程是另一种常见的短视频内容分享形式。用户可以通过短视频展示自己的专业技能、手工艺品制作、烹饪技巧等，与其他用户分享自己的知识和经验。这种形式的内容分享不仅可以帮助他人学习和提升技能，还可以建立专业网络和社群，促进知识和经验的交流。

旅行体验和美食制作也是受欢迎的短视频内容分享领域。用户可以记录和分享自己的旅行经历、景点推荐、美食探索和制作过程。这种内容分享可以激发其他用户的兴趣和好奇心，同时也为其他人提供了宝贵的旅行和美食制作参考。通过这种方式，用户之间可以沟通交流、分享经验，并且可能发展出共同的兴趣爱好。

短视频的社交能力之一是内容分享。短视频作为一个以内容为中心的社交平台，通过内容分享的形式，向用户展示自己的生活、技能和观点。这种内容分享不仅能够建立和增强人际关系，还能够促进知识和经验的交流，为用户之间搭建了互动的社交网络。

（二）社区交流

短视频平台通常会提供建立和发展社区的功能，让用户能够与其他用户进行交流和互动。用户可以选择关注感兴趣的其他用户，建立自己的社交网络。通过关注其他用户，用户可以接收到他们的最新短视频内容，并对其进行互动和回应。除了关注其他用户，短视频平台还常常提供特定的主题或兴趣小组。用户可以加入这些小组，与具有相同兴趣和话题的其他用户沟通交流。这种社区交流的形式可以帮助用户找到和联结具有相似爱好的人，分享经验、观点和建议。通过参与社区交流，用户可以扩大自己的社交圈子，结交新朋友，并与他们建立深入的联系。

在社区交流中，用户可以通过评论、点赞、分享等方式与其他用户互动。他们可以在短视频下方留下评论，表达自己的观点、喜好或提出问题。其他用户可以对这些评论进行回复和讨论，形成一个富有互动性的社区环境。点赞和分享也是社区交流的常见形式，用户可以通过点赞来表示对他人短视频的喜爱和支持，通过分享将有趣的内容传播给更多的人。通过社区交流，短视频平台为用户提供了一个分享、交流和互动的空间。用户可以与其他用户共同探讨感兴趣的话题，互相学习和启发。这种社区交流不仅丰富了用户的短视频体验，也促进了用户之间的互动和社交。

短视频的社交功能之二是社区交流。通过关注其他用户、加入主题或兴趣小组，以及通过评论、点赞和分享等方式进行互动，用户可以在短视频平台上建立和发展自己的社交网络。这种社区交流为用户提供了分享、交流和互动的机会，促进了知识、经验和兴趣的交流，丰富了用户的短视频体验。

（三）实时互动

很多短视频平台提供了实时互动的功能，让用户能够与视频内容进行实时的互动并参与其中。这些功能包括直播、弹幕和实时评论等。

首先，直播功能允许用户实时地进行视频直播，与观众互动。用户可以通过直播功能分享自己的生活、才艺或特别的活动，与观众进行实时的互动交流。观众可以通过评论、点赞和礼物等方式对直播内容进行回应，与主播实时互动。弹幕是一种短视频平台常见的实时互动形式。观看视频时，用户可以发送弹幕，即在视频播放界面上出现实时滚动文字评论。观众可以通过弹幕表达自己的想法、评论，与其他观众一起参与视频内容的实时讨论。这种形式的实时互动增强了观众的参与感和互动性，使观看视频成为一种社交体验。另外，实时评论功能也常见于短视频平台。观众可以在观看视频时即时发表评论，与其他观众讨论和互动。这种实时评论的形式让用户能够及时表达自己的观点、感受和反馈，与其他观众进行实时的交流和互动。通过实时评论功能，短视频平台提供了一个实时参与视频内容讨论的机会。观众可以在观看视频的同时，与其他观众和视频作者进行实时的互动和交流。这种实时互动不仅增强了用户的参与感和互动性，也促进了用户之间的交流和社交。

短视频的社交功能之三是实时互动。通过直播、弹幕、实时评论等功能，用户可以实时与视频内容进行互动并参与其中。这种实时互动让用户能够与其他观众和视频作者进行实时的交流和互动，丰富了用户的短视频体验，增强了社交性和参与感。

（四）个性化推荐

短视频平台通常利用算法分析用户的观看历史、偏好和行为，以为其提供个性化的推荐内容。这意味着每个用户都能够接触到更多符合其兴趣和喜好的短视频内容，从而促进用户之间的相互发现和联结。通过个性化推荐，短视频平台能够向用户推荐其可能感兴趣的视频内容。平台根据用户的观看历史和行为数据，分析用户的喜好和偏好，并向其推送与其兴趣相关的视频内容。这种个性化推荐使用户能够更快速、更方便地找到自己感兴趣的视频，节省了他们搜索和筛选内容的时间和精力。

个性化推荐不仅提供了丰富多样的短视频内容，也为用户之间的相互发现和联结创造了机会。通过观看和喜欢相似的短视频内容，用户可以发现拥有共同兴趣和话题的其他用户，并与他们交流和互动。这种相互发现和联结的过程使用户能够更加深入地了解彼此，建立社交关系，并且可能形成共同的兴趣社群。个性化推荐也为短视频创作者提供了更广阔的观众基础和更多的机会。通过算法的推荐，用户有机会接触到他们可能感兴趣的短视频，从而增加了创作者的曝光率和观众数量。这使得短视频创作者能够与更多的观众进行联结，并且在社交平台上建立自己的粉丝群体。

短视频的社交功能之四是个性化推荐。通过利用算法分析用户的观看历史、偏好和行为，短视频平台能够提供个性化的推荐内容，使用户能够接触到更多感兴趣的内容。这种个性化推荐促进了用户之间的相互发现和联结，丰富了用户的短视频体验，并为短视频创作者提供了更广

阔的观众基础和更多的机会。

（五）挑战和互动活动

短视频平台通过发起各种挑战或互动活动来鼓励用户参与，并提高他们的创作热情和平台活跃度。这些活动可以是舞蹈挑战、美食制作比赛、表演挑战等多种形式，以吸引用户的注意并鼓励他们创作和分享自己的短视频。

舞蹈挑战是短视频平台上常见的活动之一。平台会推出一种热门的舞蹈或舞步，然后邀请用户模仿并录制自己的表演。用户可以在创作的短视频中展示自己的舞蹈技巧和创意，同时与其他参与者进行比较和分享。这种挑战活动激发了用户的创作欲望和竞争心态，增加了平台上相关内容的创作和传播。

美食制作比赛是另一种常见的短视频互动活动。平台可以提供一个特定的美食制作挑战，并邀请用户录制自己制作的过程和成品。用户可以展示自己的烹饪技巧和创新，与其他参与者分享制作心得和美食成果。这种互动活动不仅激发了用户的烹饪兴趣和创作热情，还促进了美食爱好者之间的交流和互动。

除了舞蹈挑战和美食制作比赛，短视频平台还可以推出各种其他挑战和互动活动，如唱歌比赛、相机特效挑战、搞笑模仿挑战等。这些活动鼓励用户参与创作，提高他们的创意和表现能力，并且促进用户之间的互动和交流。短视频平台创造了一种积极向上、创意丰富的氛围。用户可以在活动中展示自己的才华和创造力，并与其他参与者比较和互动。这种互动活动不仅提高了用户的创作热情和平台活跃度，也丰富了用户的短视频体验，并为用户之间的交流和联结提供了更多的机会。

短视频的社交功能之五是挑战和互动活动。通过发起各种挑战或互动活动，短视频平台鼓励用户参与，提高他们的创作热情和平台活跃度。这种互动活动激发了用户的创意和表现能力，并促进了用户之间的交流和互动。

（六）广告和推广

短视频作为一个强大的广告和营销工具，为品牌和商家提供了一种宣传和推广产品或服务的方式。通过发布产品或服务的短视频，或与热门创作者合作，品牌和商家可以吸引潜在客户的注意，实现产品的推广和销售。

短视频平台的广告功能允许品牌和商家发布宣传视频来推广他们的产品或服务。品牌可以利用短视频来展示产品的特点、优势和使用方法，吸引潜在客户的关注。通过精心制作和创意表达，短视频广告可以产生强烈的视觉冲击和情感共鸣，引起观众的兴趣和购买欲望。与热门创作者合作是短视频平台上常见的推广方式。品牌和商家可以与具有影响力和粉丝基础的热门创作者合作，共同制作短视频来推广产品。这种合作可以借助创作者的影响力和粉丝群体，让品牌的宣传信息得到更广泛的传播和认可。热门创作者可以通过他们的创意和表现力，为品牌带来更多的曝光和用户参与。

通过短视频的广告与推广，品牌和商家可以实现多方面的目标。首先，他们可以提高品牌的知名度和曝光度，让更多的人了解和认可他们的产品或服务。其次，他们可以激发潜在客户的购买欲望，促进产品销售和市场份额的增长。最后，通过精准的广告定位和投放，他们可以针对特定的目标受众群体，提高广告的效果和转化率。

短视频的广告与推广也需要注意平衡，以避免观众出现不满和抵触情绪。品牌和商家需要确保他们的广告内容与短视频平台的用户体验和观看习惯相契合，避免过度的商业化和侵入性的广告形式。

短视频的社交功能之六是广告和推广。通过发布产品或服务的短视频，或与热门创作者合作，品牌和商家可以吸引潜在客户的注意，实现产品的推广和销售。

（七）影响力和价值传递

对于创作者而言，短视频是一个建立和扩大个人影响力的有效平台。通过分享具有价值和意义的内容，创作者可以吸引粉丝，传递价值

观，并有可能实现商业变现。

创作者可以通过短视频分享自己的专业知识、技能和经验，向观众传递有价值的内容。无论是教育、娱乐还是启发性的主题，创作者都可以通过短视频表达自己的观点和想法，分享自己的独特见解和经验。这种价值传递可以吸引观众的关注和认同，建立创作者的影响力和专家形象。通过短视频的分享和传播，创作者可以吸引粉丝和追随者。观众对于有价值和有意义的内容往往更容易产生兴趣和共鸣，因此，创作者可以通过短视频的内容创作来吸引更多的粉丝。这些粉丝可能会在社交平台上关注创作者的动态，参与讨论，并成为忠实的支持者。

除了建立影响力，短视频也为创作者提供了商业变现的机会。通过积累粉丝和影响力，创作者可以与品牌合作，进行代言、推广或赞助活动。品牌往往会选择与有一定影响力和受众基础的创作者合作，以借助他们的影响力来传达品牌价值和推广产品。这种商业变现方式使得创作者能够将短视频创作转化为经济价值，并实现持续的创作和内容输出。

短视频的社交功能之七是影响力和价值传递。创作者可以通过分享有价值和意义的内容吸引粉丝，传递价值观，并有可能实现商业变现。这种影响力和价值传递使得创作者能够建立自己的影响力和专家形象，从而吸引更多的粉丝和追随者，并在商业领域获得机会。同时，观众也能从创作者的短视频中获取有益的知识和启发，并与创作者互动和交流。

（八）教育和学习

短视频作为一种有效的教育和学习工具，为用户提供了学习新技能和知识的机会。通过观看教育性的短视频，用户可以在碎片化的时间内快速获取有益的信息，实现自我提升。

短视频平台上的教育性内容丰富多样。用户可以找到各种主题和领域的教育视频，涵盖了从学术知识到实用技能的各个方面。这些视频内容可能包括科学知识、历史解说、技术教程、艺术指导、健康建议等。用户可以根据自己的兴趣和需求选择观看，学习他们感兴趣的领域和主题。短视频的特点使得学习变得更加便捷和灵活。相比于传统的学习方式，短视频具有时长短、简洁明了的特点，使得用户可以在短时间内快速了解和掌握知识点。这种碎片化的学习方式适应了现代生活节奏的需要，用户可以在空闲时间、上下班途中或休息间隙通过观看短视频进行学习。

短视频的视觉和听觉相结合，以及生动直观的表达方式，使得学习过程更加生动和易于理解。通过图像、动画、实例演示等手段，短视频可以将抽象的概念和复杂的知识变得更具体和可感知。这种视觉化的学习方式有助于加深用户对学习内容的理解和记忆。通过观看教育性的短视频，用户不仅可以学习新技能和知识，还能够提高学习兴趣和动力。短视频平台上的互动功能，如评论和点赞，也为用户提供了与其他学习者交流和讨论的机会，促进了学习的社交性和合作性。

短视频的社交功能之八是教育和学习。通过观看教育性的短视频，用户可以学习新技能和知识，实现自我提升。短视频平台上丰富多样的教育内容、灵活便捷的学习方式以及生动直观的表达方式，为用户提供了一种便捷、有趣且有效的学习途径。

三、短视频的互动形式

短视频平台提供了许多各种各样的互动形式，使得用户能够参与内容的消费、创作、分享和讨论。

（一）评论和回复

这种在短视频下方进行评论和回复的互动形式在许多社交媒体平台上非常常见，它为用户提供了一个交流和表达观点的机会。评论和回复可以以文字形式，也可以包括表情符号、图片、GIF 等多种媒体元素。通过评论和回复，用户可以分享他们对视频内容的看法、提出问题、表达赞赏或批评，或者与其他用户交流和讨论。这种形式的互动不仅有助于促进用户之间的互动和社区感，并且可以丰富视频内容的意义。

在评论和回复的过程中，有些平台提供了点赞、回复、引用等功

能，可以使用户更方便地与其他人互动。此外，一些平台还采用了评论过滤和举报机制，以确保评论区的秩序和安全性。

评论和回复是短视频互动的重要组成部分，它们为用户提供了参与和交流的平台，同时也为视频作者和其他用户带来了更多的反馈和意见。

（二）点赞和收藏

点赞和收藏是用户对喜欢的短视频表达支持和喜爱的一种方式。这些反馈机制不仅可以让用户积极参与，还提供了对创作者的正面回应。

通过点赞，用户可以向创作者表达认可和喜欢，同时也可以让其他用户知道这个视频受到了欢迎。点赞的数量可以作为一个指标，用来衡量视频的受欢迎程度和社交影响力。

另外，收藏功能允许用户将自己喜欢的短视频保存在个人收藏夹中，以便随时回顾和欣赏。这对于用户而言是一种方便的方式，可以轻松地收集和整理自己喜欢的视频内容。对于创作者而言，收藏也是一个重要的衡量指标，表示他们的作品在用户心中留下了深刻的印象。

（三）分享和转发

分享和转发是短视频互动形式中非常重要的一部分。它们可以让用户将自己喜欢的视频内容传播给更广泛的观众，扩大视频的影响力和传播范围。

通过分享，用户可以将短视频发送给朋友、家人或同事，让他们也能欣赏到这些内容。这种口口相传的方式可以让视频迅速传播，并且很可能引发更多的互动和讨论。另外，转发到社交媒体账户（如 QQ、微信等）也是一种常见的互动方式。用户可以将喜欢的短视频发布到自己的社交媒体平台上，让自己的关注者和朋友们都能看到。这种分享可以进一步扩大视频的观众群体，增加视频的曝光度，并可能为视频带来更多的点赞、评论和订阅。

分享和转发在短视频互动中起着关键作用，它们通过用户的社交网络将视频内容传播出去，为视频创作者提供更多的曝光和机会，同时也让观众发现和分享有趣的内容。

（四）参与挑战和活动

参与挑战和活动是短视频平台中一种非常有趣和互动性强的形式。这些挑战和活动通常由平台或用户发起，鼓励用户通过创作和上传自己的短视频来参与其中。

这些挑战和活动可以涵盖各种主题和领域，例如舞蹈挑战、烹饪比赛、音乐表演、时尚展示等。平台会提供相应的标签或话题，使得用户能够将自己的视频与特定的挑战或活动相关联。

参与挑战和活动的用户可以根据给定的主题或要求，创作自己独特的短视频，并将其上传到平台。这种形式的互动不仅让用户可以展示自己的才艺和创意，还能够与其他参与者进行比较、交流和竞争。用户可以通过点赞、评论和分享来支持自己喜欢的作品，同时也可以与其他参与者互动和建立联系。

参与挑战和活动为用户提供了一个发挥创意和展示才华的机会，同时也为观众带来了丰富多样的内容。这种互动形式增加了用户之间的联动性和参与度，创造了一个活跃和有趣的社区氛围。

（五）关注和订阅

关注和订阅是短视频平台中非常重要的互动形式。它们允许用户建立与自己喜欢的创作者或频道的持久性社交联结，并及时获取他们的最新内容。

当用户关注某个创作者或频道时，他们会收到有关该创作者或频道更新的通知。这样，用户就能够第一时间获取到他们喜欢的创作者发布的新视频，并且可以持续关注和支持他们的创作。

通过关注和订阅，用户可以创建自己的个性化内容流，定制自己感兴趣的视频内容，而不会错过创作者的新作品。这种互动形式使得用户能够建立起与创作者的互动和沟通渠道，表达自己的喜爱和支持，并且能够与关注同一创作者的其他用户进行交流和讨论。

对于创作者而言，关注和订阅是非常重要的指标，表示他们拥有一批忠实的观众群体。这种互动形式不仅有助于创作者构建自己的粉丝基础，还为他们与观众分享自己的创作理念和故事提供了一个平台。

关注和订阅是短视频互动中的关键环节，它们为用户和创作者之间建立了持久的社交联结，促进了交流、支持和互动的发展。

（六）直播和互动

直播功能允许创作者与观众实时互动，建立更紧密的联系，并提供了一系列互动工具，增强观众的参与度。在直播中，观众可以通过发送弹幕，即实时弹出的评论，与创作者即时互动。这让观众能够表达自己的想法、提问、发送问候或鼓励等，而创作者则可以即时回应和回答观众的问题。

直播平台还提供了一些互动功能，如投票和问答。观众可以参与投票，表达自己的意见或选择，并看到实时的投票结果。问答环节则允许观众向创作者提问，而创作者可以选择一些问题进行回答或与观众进行交流。

在直播中，观众还可以通过送出礼物来支持创作者。这些礼物可以是虚拟礼物或实物礼品，观众可以购买并发送给创作者，以表达对他们的喜爱和支持。送礼物的过程通常会伴随特殊的动画效果和感谢回应，增加了互动的乐趣和仪式感。直播互动为创作者和观众之间建立了更加亲密和实时的联系。观众可以与创作者以及其他观众进行交流、参与活动，共同体验直播的乐趣和热情。

直播互动为短视频平台带来了更加生动和实时的互动体验，增强了创作者与观众之间的互动关系，并为观众提供了更多参与机会。

（七）创作和上传短视频

平台允许用户创作自己的短视频内容，并将其上传到平台与其他用户分享。通过创作和上传短视频，用户可以分享自己的故事、观点、技能和创意。他们可以通过拍摄、剪辑和特效等手段，展示自己的创作才华和独特风格。这种互动形式使得用户成为内容的创作者和贡献者，可以在平台上展示自己的才华和创造力。用户还可以回应或重制其他用户的视频，实现创作的互动和参与。这种互动形式让用户能够与其他用户的作品进行互动，通过创意的方式进行回应、二次创作或改编。这种创作互动促进了用户之间的交流、启发和合作，形成了一个创意共享和创作者社区。

通过创作和上传短视频，用户可以发现和发展自己的创作潜力，并与其他用户分享和交流。这种互动形式为用户提供了展示自己才能和独特视角的平台，并且通过互动和参与促进了创作社区的发展和创意的蓬勃。

创作和上传短视频是短视频平台中用户的重要角色，它们为用户提供了展示才能和创造力的机会，并通过互动和参与形成了一个充满创意和活力的创作者社区。

（八）私信

私信是一对一交流的一种形式，在某些短视频平台上也被广泛采用。通过私信，用户可以与其他用户建立私密的对话，并进行更私下的交流。

私信功能允许用户直接发送文字、图片、表情符号等内容给其他用户，而不需要公开地在评论区或视频下方进行交流。这种形式的交流更加私密和直接，使用户能够更深入地与其他用户沟通、分享观点或表达情感。私信的好处在于，它提供了一个更隐私和个性化的交流渠道。用户可以与其他用户进行更深入的讨论、分享资源或者建立更紧密的社交关系。私信还可以用于一对一的合作、邀请和交流，方便用户之间进行更具体的沟通和协调。

需要注意的是，私信功能也带来了一些潜在的问题和风险，如骚扰、隐私泄露等。因此，短视频平台通常会采取一些措施来确保用户的安全和隐私，例如举报机制、过滤器和用户权限设置等。

私信功能为用户提供了一种更私密、个性化的交流方式，使用户能

够在短视频平台上与其他用户建立更深入的互动和关系。

四、短视频的社交价值

（一）信息传递与分享

短视频平台作为信息传递和分享的工具，具有快速、简单、直观的特点，用户可以利用这个平台分享各种类型的内容，包括新闻、教程、观点、故事和艺术作品等。

短视频平台成为人们获取新闻和时事信息的重要渠道。用户可以通过短视频分享自己对新闻事件的观点和评论，也可以提供相关背景知识和分析。这种直观、生动的形式能够吸引更多观众，推动信息的传播和讨论。人们可以通过短视频简洁明了地展示如何完成某项任务或掌握某种技能。这种直观的演示方式使得学习过程更加易于理解和模仿，用户可以通过观看短视频快速学习新知识和技能。

用户可以通过短视频表达对社会、文化、政治等各个领域的看法。这种形式的表达不仅可以吸引关注，还能够引发深入的讨论和交流。人们可以通过短视频分享自己的生活经历、旅行见闻、个人成长等故事，通过视觉和听觉的呈现让观众更好地感受和理解。这种形式的故事讲述能够引发共鸣，帮助建立情感联结和社交关系。

短视频平台还成了艺术家和创作者展示作品的舞台。音乐、舞蹈、绘画、摄影等各种形式的艺术作品可以通过短视频展示给更广泛的受众。这不仅能够让更多人欣赏到优秀的艺术作品，还为创作者提供了展示才华、获取反馈和建立粉丝群体的机会。

短视频平台通过其快速、简单、直观的特点，促进了信息的传递和分享。无论是新闻、教程、观点、故事还是艺术作品，短视频都能以生动有趣的方式展示，激发社交互动，增强信息传递的社交价值。

（二）社区建设

社区建设是短视频平台的一项重要社交功能。在这种环境下，社区不仅仅是一个地理位置的集合，也可能是由共享兴趣、共同目标或价值观等因素联结起来的网络群体。

在短视频平台上，用户可以轻松地找到和自己有共同兴趣或观点的其他用户。这是因为这些平台通常都有强大的推荐算法，能够根据用户的浏览和互动历史，向其推荐与其兴趣相关的内容和用户。一旦用户发现了他们感兴趣的内容，他们就可以选择关注该内容的创作者，并与之交流和互动，形成一种社区关系。这样的社区关系可以帮助用户找到志同道合的人，分享和讨论共同的兴趣，共同解决问题，甚至共同创造新的内容。

在基于地理位置的社区中，短视频平台可以帮助用户了解他们所在地区的新闻、事件和人物。比如，用户可以分享所在城市的风景、文化和活动，让其他用户了解和感受到这个地区的独特魅力。这样的分享和交流可以帮助强化地方社区的身份认同感，促进地方文化的传播和保护。

对于基于共同目标或价值观的社区，短视频平台提供了一个强大的工具来共享信息，发起行动，传播影响力。比如，环保组织可以通过发布关于环保行动的短视频，来吸引更多人关注环境问题，参与环保活动。同样，对于公益事业、人权倡导、健康生活等主题，短视频平台也可以起到关键作用。

短视频平台通过促进用户之间的互动和交流，成为社区建设的重要场所。无论是基于地理位置、共享兴趣，还是共同的目标或价值观，都可以在短视频平台上找到表达和实现的可能。

（三）创新与创意表达

创新与创意表达是短视频平台的核心价值之一。短视频的格式与性质使其成为一个理想的创意舞台，用户可以自由地表达自己的想法，创作出令人印象深刻的作品。

短视频的时间限制激发了用户的创新思维。用户需要在有限的时间内表达出清晰、有影响力的信息或故事。这种限制促使用户精简内容，关注最重要的元素，从而创作出精炼而富有吸引力的视频。

短视频平台提供了各种编辑工具和特效，让用户可以尽情发挥创造力。这些工具包括各种滤镜、音效、文字效果、动画等，用户可以利用这些工具为他们的视频添加独特的风格和氛围。例如，他们可以使用慢动作来强调视频中的某个瞬间，或者使用音乐和文字来增强视频的情感效果。

短视频平台也鼓励用户进行创新的内容创作。无论是热门的舞蹈挑战，还是教育性的技巧分享，都为用户提供了以新颖和有趣的方式表达自己的想法和技能的机会。这种开放和创新的氛围使得短视频平台成为各种创意想法和表达形式的聚集地。短视频平台还为用户提供了一个展示和分享他们的创意作品的场所。通过发布自己的视频，用户可以吸引观众的注意，收到他们的反馈，从而进一步提升自己的创作技能和创新思维。对于许多用户而言，短视频平台不仅仅是一个创意表达的工具，更是一个实现自我价值和影响力的平台。

短视频作为一个创新和创意表达的平台，提供了无数的可能性和机会。用户可以通过短视频来表达他们的想法，分享他们的故事，实现他们的创作梦想。

（四）影响力扩展与个人品牌建设

短视频平台对于创作者而言是一个有力的工具，可以帮助他们扩大影响力，建立和发展自己的个人品牌。通过分享有价值和有吸引力的内容，创作者可以吸引更多的关注者，扩大自己的影响力。

创作者可以通过短视频平台吸引更多的关注者。他们可以利用创作和分享有趣、独特的短视频内容来吸引用户的注意力。通过持续发布高质量的视频，创作者可以积累稳定的粉丝群体，并吸引更多人关注自己的创作。随着关注者数量的增加，创作者的影响力会逐步扩大。他们的内容将被更多人观看、转发和讨论，从而影响更广泛的受众。通过分享自己的见解、经验和知识，创作者可以成为某一领域的权威人士，引领潮流并影响观众的观点和行为。

同时，短视频平台为创作者提供了展示个人特色和风格的平台，有助于建立和发展自己的个人品牌。通过独特的创作风格、独特的内容和个人形象的塑造，创作者可以在平台上建立独一无二的个人品牌，使观众能够轻松识别和记忆他们的作品。

随着影响力的扩大，创作者可以获得更多的合作和商业机会。他们可以与品牌合作推广产品或服务，参与赞助活动，获得广告收入等。这些合作和商业机会不仅能够为创作者带来经济收益，还可以进一步增加创作者的知名度和影响力。通过在短视频平台上建立个人品牌和影响力，创作者还可以在其他领域寻求更多机会和发展空间。他们可以获得出版合同、参与电视节目、举办讲座或研讨会等，进一步扩展自己的事业范围和影响力。

短视频平台为创作者提供了一个有力的渠道来扩大影响力和建立个人品牌。通过分享有价值和有吸引力的内容，创作者可以吸引更多关注者，扩大自己的影响力，并获得合作和商业机会，进一步发展自己的事业。

（五）商业价值

短视频平台不仅具有社交和娱乐价值，也具有显著的商业潜力。商家和广告商可以利用短视频平台来宣传和推广自己的产品和服务，而成功的创作者也可以通过合作和赞助等方式来实现商业化。

短视频平台成为商家和广告商推广产品和服务的重要渠道。他们可以通过在短视频中插入广告或与创作者合作推广的方式，将自己的品牌和产品展示给广大用户。由于短视频平台拥有庞大的用户群体和高度互动的特点，这种形式的广告宣传具有更高的曝光率和用户参与度，能够有效吸引潜在消费者的注意力。成功的创作者可以通过与品牌或企业的合作和赞助来实现商业化，他们可以与品牌合作推广产品、参与品牌活动或成为品牌大使。这种合作不仅能够为创作者带来经济收益，还能够提升他们的知名度和影响力。对于品牌而言，与受欢迎的创作者合作可以扩大品牌曝光度和增加产品销售。

短视频平台为电商营销提供了便利。创作者可以通过短视频展示产

品评测、使用演示、购物分享等，直接引导观众进行购买。一些短视频平台还提供了购物链接、商品推荐等功能，使观众能够直接在平台上购买产品，为商家带来销售机会和收入。同时，短视频平台也积极发展社交电商模式，创作者可以通过社交关系链和用户互动，建立自己的商品推荐、代言或直播销售等方式，进一步促进商品的销售，并增强用户之间的社交关系和购买的信任度。

短视频平台具有显著的商业价值。商家和广告商可以利用短视频平台宣传和推广自己的产品和服务，而成功的创作者也可以通过合作和赞助等方式实现商业化。这为平台、商家和创作者带来了更多的商业机会和发展空间，推动了数字营销、电商和社交电商的蓬勃发展。

（六）社会议题关注和行动

短视频平台还可以被用来引起人们对重要社会议题的关注，并促使人们采取行动。通过短视频的传播和影响力，人们可以更广泛地了解社会问题，分享观点和经验，以及参与相关行动。

短视频平台为公益活动提供了广泛传播的渠道。创作者可以利用短视频来宣传和推广公益事业，如环保、动物保护、教育支持等。通过感人的故事、真实的案例和鼓舞人心的行动，短视频可以唤起人们对社会问题的关注，并鼓励人们积极参与和支持相关的公益活动。通过短视频，人们可以分享自己对政策问题的看法和观点，并呼吁其他人加入相应的倡导行动。这种形式的倡导可以通过故事性的短视频、信息传达的动画等形式来吸引观众的关注，并推动政策变革和社会进步。

此外，短视频平台还为社区服务提供了机会。创作者可以通过短视频宣传和组织社区活动，如义务劳动、捐款活动、社区清洁等。这些活动不仅可以改善社区环境和居民生活质量，还能够提高社区凝聚力和促进社会和谐。通过短视频平台引起人们对重要社会议题的关注和行动，有助于扩大社会影响力和推动社会变革。短视频的传播速度快、传播范围广，能使信息和观点能够迅速传递到更多人的视野中，引发讨论和行动的热潮。这种社会参与和行动的能力使短视频平台成为推动社会意识觉醒和积极变革的重要工具。

短视频平台不仅限于娱乐和商业领域，还可以被用来引起对重要社会议题的关注，并促使人们采取行动。通过短视频的传播和影响力，人们可以更广泛地了解社会问题、分享观点和经验，并参与相关的公益活动、政策倡导和社区服务，从而推动社会的进步和发展。

（七）文化交流

短视频平台具有促进不同文化的交流和理解的潜力。用户可以通过分享和观看来自不同背景和文化的内容，增进对多元文化的理解和尊重。

首先，短视频平台为用户提供了一个展示和分享自己文化特色的平台。用户可以通过短视频展示自己的传统习俗、节日庆祝、艺术表演等，让其他用户了解并体验不同文化的独特之处。这种分享能够打破地域和时间的限制，让不同文化之间的交流更加便捷和广泛。

其次，用户可以通过观看来自不同背景和文化的内容，拓宽自己的视野和认识。短视频平台上拥有各种形式的内容，包括旅行记录、风景摄影、民俗展示、音乐舞蹈等。通过观看这些内容，用户可以了解到世界各地的文化多样性，增进对其他文化的理解和欣赏。

最后，短视频平台也为不同文化间的互动和交流提供了便利。用户可以通过评论、点赞和私信等方式与发布者交流和互动。这种互动能够促进跨文化的对话和交流，打破语言和地域的限制，让用户能够更加深入地了解其他文化，分享自己的观点和体验。通过短视频平台的文化交流，用户能够增进对多元文化的理解和尊重。这种交流有助于拓宽人们的视野，培养跨文化的敏感性和包容心态。通过观看和分享来自不同背景和文化的内容，用户可以更好地了解世界各地的文化差异，消除偏见和误解，促进文化的融合与共享。

短视频平台具有促进不同文化的交流和理解的作用。用户可以通过分享和观看来自不同背景和文化的内容，增进对多元文化的理解和尊重。这种文化交流有助于拓宽人们的视野、促进跨文化对话和交流，并

培养跨文化的敏感性和包容心态。

五、短视频在社交网络中的地位

短视频已经在社交网络中占据了显著的地位。这主要归功于短视频的一些特点：短时、直观、有趣、富有吸引力、易于传播。这些特点使得短视频在社交网络中具有独特的优势和重要性。

短视频是一种非常有效的信息传播形式。人们的注意力时常被拉扯在各种事物之间，时间短的视频更容易吸引用户的注意力，因此具有更大的潜在吸引力。而且，通过简单、直观的方式，短视频可以快速传达信息和情感，帮助用户在短时间内理解和消化大量的信息。此外，短视频是一种强大的故事讲述工具。通过视频，创作者可以展示他们的想法、情感、经验和故事，以富有表现力的方式与观众建立联结。这使得短视频具有强大的感染力和影响力，能够引发观众产生共鸣，深化他们与创作者的关系。

短视频还是一种有效的社交工具。在短视频平台上，用户可以通过评论、点赞、分享、参与挑战等方式与其他用户互动。这些互动可以帮助用户找到志同道合的人，建立社交关系，形成社区。因此，短视频不仅是一种内容消费的方式，也是一种社交活动的方式。短视频在商业和市场推广方面也发挥了重要作用。商家和品牌可以利用短视频来展示自己的产品和服务，吸引潜在的消费者。同时，成功的创作者也可以通过合作和赞助等方式实现商业化，提升他们的影响力。

尽管短视频在社交网络中具有重要地位，但也面临一些挑战和问题。例如，由于内容的短暂性，短视频可能会导致用户的注意力分散，缺乏深度的思考和学习。同时，由于短视频的传播速度快，可能会带来信息过载的问题。此外，短视频的内容和互动形式也可能导致一些社会问题，如网络欺凌、隐私泄露、虚假信息传播等。

短视频在社交网络中占据重要的地位，成了人们获取信息、表达自我、进行社交和商业活动的重要方式。同时，也需要关注和解决短视频带来的一些挑战和问题，以实现其更好地发展和利用。

第四节 短视频的制作与发布

一、短视频的制作流程

（一）确定主题和内容

确定视频的主题和具体内容是成功制作一个短视频的重要步骤。主题和内容应该清晰、有趣、吸引人，以吸引观众的注意力并引起他们的兴趣。可以选择一个引人入胜的故事，一个独特的观点，一个实用的教程，或者其他类型的内容。确保主题和内容有足够的独特性和创意性，使观众留下深刻印象，并激发他们的共鸣和互动。

（二）编写剧本

编写剧本是视频制作的重要一步。剧本包括对话、场景描述、镜头切换等细节，它将作为视频制作的蓝图。剧本的编写需要确保故事情节清晰连贯，对话生动有趣，场景描述具体真实，镜头切换流畅自然。同时，要考虑视频的时长和观众的注意力，确保剧本内容符合要求并能够吸引观众的兴趣。精心编写的剧本可以帮助导演和演员准确理解视频的要求，有助于制作出高质量的短视频作品。

（三）拍摄视频

可以使用手机、相机或其他设备进行拍摄。在拍摄过程中，要注意光线、角度、场景等因素，以确保视频的质量，应合理利用光线，选择适当的拍摄角度和镜头，关注场景的细节和背景的布置，确保镜头稳定并避免晃动。同时，留意音频的质量，确保声音清晰可听。注意了这些细节，就可以制作出高质量、吸引人的短视频作品。

（四）编辑视频

在拍摄完成后，视频需要进行编辑以提升其质量和吸引力。编辑过

程包括剪辑、添加音乐和特效、调整色彩等。剪辑时要删除多余镜头和内容，并保持连贯性。添加适合的音乐和音效，营造氛围。特效和过渡效果可以增加视觉吸引力，但要适度使用。调整色彩和亮度以提升画面质量。编辑过程要确保视频的连贯性和吸引力，使观众留下深刻印象。通过精心编辑，视频能更具吸引力和影响力，提升观众体验。

（五）预览和修改

编辑完成后，预览视频并进行修改和优化是必要的步骤。观看视频，注意镜头流畅性、剪辑连贯性和故事情节的逻辑清晰性。调整音频、音效、色彩和亮度以提升视频质量。邀请他人观看并听取意见，以获取反馈和改进建议。通过多次预览和修改，不断优化视频，确保最终达到预期效果。这个反复的过程是关键，以确保视频质量有所提升和能让观众留下深刻印象。

（六）导出和发布

对修改后的视频感到满意的情况下，将视频导出并准备发布。在导出之前，根据不同的发布平台选择合适的格式，以确保视频在不同平台上的播放兼容性和最佳观看体验。选择适当的分辨率、编码和文件大小，以满足发布平台的要求。完成导出后，即可发布，向观众分享您精心制作的视频作品。

二、短视频的制作工具

短视频的制作工具多种多样，包括拍摄设备、编辑软件、音乐库等。具体使用哪种工具取决于创作者的需求和技能。

（一）拍摄设备

拍摄设备有多种选择，其中包括智能手机、数码相机和专业摄像机等。智能手机是最常见和广泛使用的设备，因为它们具有便携性、易用性，并且现代智能手机的摄像头质量相当出色。

智能手机拥有高像素摄像头、优秀的图像处理技术和多种拍摄模式，使得用户可以轻松拍摄高质量的照片和视频。此外，智能手机通常配备了稳定功能、自动对焦和智能曝光控制等功能，使得拍摄过程更加方便和灵活。

然而，对于更高级的摄影需求，专业摄像机和数码相机也是不错的选择。这些设备通常具有更大的传感器、更强的光学镜头和更多的手动控制选项，可以提供更高质量的图像和更多的创意控制。

（二）编辑软件

对于视频编辑软件，也有许多选择可供考虑。一些知名的视频编辑软件包括 Adobe Premiere Pro、Final Cut Pro 和 iMovie 等。这些软件提供了丰富的编辑功能和高级特效，适用于专业和高级用户，但需要一定的学习和熟练。

对于初学者或需要简单编辑的用户，可以选择一些简单易用的在线视频编辑工具，如 InShot、Quik 等。这些工具通常提供了基本的剪辑、添加音乐、应用滤镜和过渡效果等功能，适合快速制作和分享简单的视频作品。

根据自己的需求和技能水平，选择适合的视频编辑软件是很重要的。无论是专业软件还是在线工具，它们都提供了不同级别的功能和复杂度，用户可以根据自己的需求和学习曲线进行选择。无论选择何种编辑软件，关键是熟练运用它们，充分发挥其功能，才能制作出高质量的视频作品。

（三）音乐库

音乐在视频中扮演着重要角色，可以增强视频的感染力和情感表达。有许多平台提供了丰富的音乐库。

首先，一些平台提供免费的音乐库，例如 YouTube Audio Library、Free Music Archive 等。这些库中包含各种风格和类型的音乐，可以根据视频的主题和情感进行选择。

其次，也有一些付费的音乐服务，如 Epidemic Sound、Artlist 等。

这些服务提供高质量的音乐曲目，通常具有更广泛的选择和更专业的制作质量，可以提供更多创意和个性化的选项。

无论选择免费还是付费的音乐库，都要注意版权问题。确保所选音乐具有合适的授权和许可，以避免出现侵权和法律纠纷。选择适合视频主题和情感的音乐，确保音乐与视频内容相匹配，并能够增强视频的吸引力和情感表达。音乐是视频的重要元素之一，正确选择和运用音乐，可以大大提升视频的质量和观赏体验。

三、短视频的发布平台

在中国，有许多发布短视频的平台可供选择，每个平台都有其特点和用户群体。

（一）抖音

抖音是一款非常受欢迎的短视频应用，以其独特的创意、快节奏和音乐特效而闻名。它在年轻人中非常流行，并吸引了广泛的用户群体。抖音为用户提供了丰富多样的滤镜、特效和音乐库，使用户能够创作出多样化、有趣的短视频内容。

抖音注重用户创意和个性化表达，用户可以通过丰富的编辑工具为视频添加特效、文字和贴纸，以增强视觉效果和创作风格。抖音还提供了音乐库，用户可以选择合适的背景音乐，使视频更具感染力和吸引力。

此外，抖音也注重社交互动，用户可以通过点赞、评论和分享等方式与其他用户互动。抖音的热门话题、挑战和活动也为用户提供了更多的参与和互动机会。

（二）快手

快手是中国最大的短视频平台之一，拥有庞大的用户基础。其特点是内容多样性和地域化特色。在快手上，用户可以发现各种类型的短视频内容，涵盖了生活、娱乐、美食、旅行等各个领域。

快手提供了丰富的创作工具和特效，用户可以利用这些工具展现自己的创意和个性。从滤镜、特效到贴纸、文字，快手为用户提供了广泛的选项，使他们能够创作出各种有趣和独特的短视频作品。快手还与电商和直播等功能结合，为用户提供了商业化的机会。用户可以通过短视频分享和推广产品，与观众建立联系并实现商业合作。快手注重用户互动和社交性，用户可以通过点赞、评论、转发等方式与其他用户交流和互动。此外，快手还举办各种挑战活动和赛事，激发用户创作和参与的热情。

（三）微视

微视是腾讯旗下的短视频平台，与微信紧密结合，为用户提供了方便的分享和互动方式。微视注重个人用户和生活内容的分享，用户可以通过微视记录和分享日常生活、旅行经历、美食探索等内容。微视提供了丰富多样的滤镜、音乐和特效，使用户能够为视频添加个性化的风格和效果。用户可以根据自己的喜好和需求，选择合适的滤镜特效和音乐，增加视频的吸引力和观赏性。

与微信的紧密结合使得微视在社交互动方面有独特优势。用户可以直接将微视视频分享到微信朋友圈或与微信好友私下分享。这种集成的特点为用户提供了更多与朋友、家人和社交圈子互动和交流的机会。微视也经常举办各种活动和挑战，鼓励用户参与创作和分享。这些活动不仅激发了用户的创作热情，也为用户提供了展示自己才华的舞台。

（四）小红书

小红书是一个以生活方式和购物为主题的社交平台，同时也提供了短视频功能。在小红书上，用户可以发布短视频分享购物心得、美妆技巧、旅行经验等内容。

小红书注重精致和有价值的内容，这使得它成了一个吸引特定领域用户和创作者的平台。用户可以通过短视频展示自己的产品评测、时尚搭配、美妆教程等，与其他用户分享经验和建议。小红书也提供了一系列的工具和特效，使用户能够为视频添加独特的风格和效果。用户可以根据自己的创作需求，选择合适的滤镜、音乐和特效，增强视频的吸引力和观赏性。

小红书还与电商功能结合，用户可以通过短视频分享和推荐产品，为其他用户提供购物参考和导购建议。这为用户提供了商业化的机会，并吸引了很多有影响力的创作者和品牌合作。

（五）哔哩哔哩

哔哩哔哩是中国最大的弹幕视频网站，它也提供了短视频发布功能。它的用户主要是年轻人和二次元文化爱好者，关注动漫、游戏、影视等内容。在哔哩哔哩上发布短视频，用户可以与观众实时互动，这是哔哩哔哩的一个特色。

哔哩哔哩的弹幕功能使得用户可以在视频播放时发送实时评论，这种互动方式为观众提供了一种与视频内容和其他观众交流的方式。观众可以在弹幕中表达自己的想法和感受，与其他观众一起分享共同的兴趣和话题。

哔哩哔哩也为用户提供了丰富的社区功能，包括关注、收藏、评论、点赞等。用户可以关注自己感兴趣的创作者，参与讨论，点赞和分享优秀的短视频，从而形成一个活跃的社区。

此外，哔哩哔哩还举办各种活动和赛事，鼓励用户参与创作和分享。这些活动不仅激发了用户的创作热情，也为用户提供了展示自己才华的舞台。

在选择发布平台时，需要考虑目标观众群体、内容类型和发布策略。了解不同平台的特点和规则，并适应其用户偏好，可以更好地优化视频的表现，吸引更多的观众和互动。

四、短视频的优化策略

短视频的优化策略是确保视频能够在众多视频内容中脱颖而出并获得更高曝光率的重要手段。以下将对标题优化、标签优化、缩略图优化和描述优化等进行详细的探讨。

（一）标题优化

标题是人们对视频的第一印象，也是吸引观众点击视频的关键因素。优化标题的策略包括使用简洁明快的语言，包含关键字，引起好奇心或情感反应，以及使用数字或列表等。此外，为了吸引全球观众，可以考虑使用英语或其他主要语言。另外，需要不断测试和调整标题，看看哪种标题更能吸引观众。

（二）标签优化

标签可以帮助平台的算法更好地理解视频的内容，并将视频推荐给相关的观众。优化标签的策略包括使用相关的关键词，考虑观众可能搜索的词语，以及避免使用无关或误导性的标签。此外，需要定期更新和调整标签，以适应搜索趋势的变化。

（三）缩略图优化

缩略图是视频的视觉展示，是吸引观众点击视频的另一个关键因素。优化缩略图的策略包括使用高质量的图片，包含视频的关键元素，使用明亮的颜色，以及在适合的情况下使用文字或符号。另外，需要测试不同的缩略图，看看哪种图能获得更高的点击率。

（四）描述优化

描述可以提供视频的额外信息，并帮助搜索引擎理解视频的内容。优化描述的策略包括提供视频的概括内容，使用关键词，包含相关的链接或联系信息，以及使用清晰的语言。此外，需要定期更新描述，以确保信息的准确性。

短视频的优化策略是一个持续的过程，需要不断测试、分析和调整。这不仅可以提高视频的曝光率和点击率，也可以帮助创作者更好地了解自己的观众，从而制作出更受欢迎的视频内容。

五、短视频的发布效果评估

（一）观看次数

观看次数是衡量视频受欢迎程度的最直接指标。高的观看次数通常意味着视频的内容吸引了大量的观众。然而，观看次数并不能完全反映视频的质量，因为可能有一部分观众并没有完整地观看视频。

（二）点赞数

点赞数可以反映观众对视频的满意度。高的点赞数通常意味着观众喜欢视频的内容，认为视频有价值。点赞数也是很多平台推荐算法考虑的重要因素，因此可以影响视频的曝光率。

（三）评论数

评论数可以反映观众对视频的参与度。高的评论数通常意味着视频引发了大量的讨论和互动，观众对视频的内容感兴趣。此外，评论的内容也可以为创作者提供反馈，帮助他们了解观众的需求和期望。

（四）分享数

分享数可以反映视频的传播力。高的分享数意味着观众愿意将视频推荐给朋友和家人，视频的内容有足够的吸引力。分享数也是推荐算法考虑的重要因素，因此可以帮助视频获得更多的曝光。

以上这些指标虽然重要，但并不能全面反映视频的效果。为了更准确地评估视频发布效果，可能还需要考虑其他指标，如观看时长、观看完成率、用户留存率等。同时，需要结合创作者的目标和策略来分析数据，例如，如果创作者的目标是提高品牌知名度，那么他们可能更关注观看次数和分享数；如果目标是建立观众关系，那么他们可能更关注点赞数和评论数。

视频发布效果的评估是一个复杂的过程，需要不断收集和分析数据，以帮助创作者优化内容和策略。同时，这也是一种学习和成长的过程，可以帮助创作者更好地了解观众，提升自己的创作水平和影响力。

第五节　短视频的运营与发展

一、短视频的运营

2015 年，短视频内容生产及短视频平台成为互联网行业的热门创业方式。[①] 随着类似 papi 酱这种短视频创业者在互联网上崛起，越来越多的媒体人走上了短视频创业之路。2016 年 7 月 29 日，时任“澎湃新闻”CEO 的邱兵宣布从“澎湃新闻”及《东方早报》离职，开始进行短视频创业；11 月 3 日，邱兵及其团队打造的短视频平台“梨视频”正式上线。2016 年 8 月，“今日头条”前副总裁林楚方为其短视频创业项目“环球旅行”招募同路人；同一时间，原“壹读”CEO 马昌博创立新项目“视知”，并进行大规模招聘。“视知”将以可视化的方式，解读那些晦涩、专业的知识。一时间，短视频创业的信息在朋友圈持续刷屏。

短视频运营是一个包括内容生产、分发传播、效果评估、优化迭代、价值变现等步骤的综合过程。

（一）内容生产

运营短视频首先需要有吸引人的内容。内容生产者需要对其目标观众有深刻的理解，了解他们的需求、兴趣和偏好，以便创作出有价值、有趣或者有教育意义的视频内容。此外，短视频的内容也需要具有一定的娱乐性，以吸引更多的观众。

（二）分发传播

分发和传播是短视频运营的重要环节。运营者可以通过多种渠道，

---

① 王辉.新媒体实战营销 [M]. 北京：中译出版社（原中国对外翻译出版公司），2020：64.

如社交媒体、搜索引擎、电子邮件等，来传播他们的视频。此外，与其他内容创作者、品牌或者影响者的合作也是有效的传播方式。

（三）效果评估

通过观看次数、点赞数、分享数、评论数等数据，运营者可以评估视频的表现和受欢迎程度。这些数据可以帮助他们发现哪些内容受到观众的喜欢，哪些内容需要改进或者优化。

（四）优化迭代

基于效果评估的结果，运营者可以对他们的短视频进行优化和迭代。这可能包括改变视频的主题、风格、长度，或者尝试新的分发渠道等。优化迭代是一个持续的过程，目的是提高短视频的观看率和分享率，增加观众的参与度。

（五）价值变现

对于许多短视频创作者和运营者而言，变现是一个重要目标。他们可以通过广告收入、品牌合作、销售商品或者服务等方式，实现短视频的商业价值。为了有效地变现，运营者需要对他们的观众群体有深入的理解，以便提供他们真正感兴趣和愿意付费的产品或服务。

短视频的运营需要深入理解观众、创作吸引人的内容、通过有效的渠道进行分发传播、进行数据分析和优化迭代，以及寻找有效的变现方式。成功的短视频运营不仅可以吸引和留住观众，还可以实现商业价值，为创作者或者品牌带来盈利。

二、短视频的推广策略

短视频已经成为互联网时代最具影响力的媒体形式之一。无论是商业营销还是个人表达，短视频都显示出了强大的传播力和吸引力。以下将详细探讨如何通过合理的推广策略，最大限度地发挥短视频的商业价值。短视频不仅是一种信息传播工具，更是一种情感表达方式。它通过视觉和声音的结合，能够在短时间内传递大量的信息和情感，从而吸引观众的注意力并引发共鸣。因此，在制作和推广短视频时，人们不能只注重信息的传播，更要注重情感的引导。

（一）需要有明确的目标受众

每一种产品或服务都有特定的目标受众，人们需要清楚地了解这些受众的需求、喜好、习惯以及所在区域，然后根据这些信息来制作和推广短视频。例如，如果目标受众是年轻人，那么通过制作充满活力和创新感的短视频，来吸引他们的注意力。同时，在年轻人常用的社交媒体上推广这些短视频，以达到最佳的推广效果。

（二）需要制作高质量的短视频

高质量的短视频不仅指的是画面和声音的质量，更指的是内容的质量。一个好的短视频应该有清晰的主题，有吸引力的开头，有情感的起伏，有意想不到的结尾，并且每一帧都充满了创意。只有这样，观众才会愿意花时间观看，甚至分享和推荐给他人。因此，应投入足够的时间和精力来制作高质量的短视频，甚至可以考虑请专业的团队来帮助制作。

（三）需要通过各种方式推广短视频

推广短视频的方式有很多，例如在社交媒体上分享，在网站上推荐，在电视或电影中插播等，应根据目标受众的特点来选择最合适的推广方式。同时，通过合作推广，例如与其他公司或网红合作，共同推广短视频。通过这种方式，扩大短视频的覆盖面，增加观众的数量。

在推广短视频的过程中，要持续监测和优化推广效果。通过收集和分析观看、点赞、分享等的数据，了解短视频的推广效果，然后根据这些数据调整推广策略。例如，如果某个短视频的观看次数低于预期，那么分析原因，可能是内容不吸引人，也可能是推广方式不合适，进而对内容或推广方式进行优化，提高推广效果。

短视频的推广需要有明确的目标受众，制作高质量的短视频，然后通过各种方式推广短视频，并持续监测和优化推广效果。通过这种方式，可以最大限度地发挥短视频的商业价值，吸引更多的观众，提高品牌知名度，推动产品销售。

三、短视频的发展机遇

短视频的发展机遇，既源自行业内的新技术应用和商业模式创新，也与社会大环境的变化密切相关。以下将对这些机遇进行深入论述。

首先，新技术的发展为短视频提供了强大的推动力。例如，5G 技术的普及使得更高清、更流畅的短视频体验成为可能，大大提升了用户体验。人工智能技术，特别是机器学习和深度学习的应用，则使得短视频平台能更准确地理解用户需求，向其推送相关内容，从而提高用户活跃度和停留时间。此外，虚拟现实和增强现实等技术的进步，也为短视频内容的创新提供了无限可能。

其次，新的商业模式为短视频的发展带来了机遇。例如，带货直播已经在短视频平台上取得了显著的成功，而这种模式还有很大的发展空间。更重要的是，随着各类付费内容和会员制模式的流行，用户对于付费观看高质量短视频的接受度在不断提高，这为短视频的商业化提供了更多选择。

再次，社会环境的变化为短视频的发展创造了有利条件。随着互联网和移动设备的普及，用户对短视频的需求和接受度都在不断提升。同时，新冠疫情的影响也使得更多人开始使用短视频进行学习、工作和娱乐，这一趋势可能会在未来长时间内持续。

最后，政策的支持为短视频的发展带来了机遇。许多国家都在鼓励数字经济的发展，并提供了各种政策支持。同时，随着版权保护意识的提高，原创短视频的权益也得到了更好的保护，有利于提高内容创作者的积极性。

新技术的应用、新商业模式的创新、社会环境的变化和政策的支持，都为短视频的发展提供了巨大的机遇。抓住这些机遇，将对短视频行业的未来发展产生决定性的影响。

四、短视频的发展挑战

短视频的发展，尽管在近年来显得风生水起，但也面临一系列挑战。透过表面的繁荣，可以发现其在内容质量、版权保护、数据隐私、商业模式和政策法规等方面存在深刻问题，需要对行业进行持续的思考和改革。

在内容质量方面，大量短视频仍然停留在娱乐和搞笑的层次上，缺乏深度和价值。内容同质化严重，真正具有创新和吸引力的视频寥寥无几。这种现象背后，反映出制作人对观众需求理解不足，以及在视频创作技术和思路上存在短板。未来，提升短视频的内容质量，将是行业发展面临的关键挑战之一。

版权保护是另一个大问题。在许多情况下，短视频内容的原创者很难得到应有的报酬，他们的作品被广泛转发和分享，却往往得不到足够的回报。对此，需要建立更加完善的版权保护机制，确保原创者的权益不受侵犯。

数据隐私问题也不容忽视。短视频平台收集了大量用户的个人信息，但用户对此并不充分了解，也缺乏有效的保护措施。此外，平台对用户信息的利用，也存在诸多不规范的地方。因此，如何在保证业务发展的同时，尊重和保护用户的数据隐私，是亟待解决的问题。

商业模式的可持续性也是短视频发展面临的挑战。目前，许多短视频平台以广告收入为主，但这种模式很难保证长期盈利。对于平台而言，探索更多元、更可持续的商业模式，是摆在眼前的一大课题。

政策法规的不确定性也给短视频的发展带来了挑战。各国对于短视频的审查和监管态度不一，导致平台在全球范围内的运营面临诸多困难。因此，如何在复杂的法规环境下稳健发展，也是短视频平台必须面对的现实问题。

短视频的发展虽然充满了机遇，但面临的挑战同样严峻。要想持续发展，就必须正视这些问题，并寻找有效的解决方案，这样才能在竞争激烈的市场中立于不败之地。

第二章　乡村文旅品牌力研究

乡村文旅作为一种特殊的旅游形式，在当今社会备受关注。品牌力作为乡村文旅发展的重要指标，对于提升乡村旅游的竞争力和吸引力具有重要意义。品牌力不仅仅指品牌的知名度和认知度，更包括品牌的独特性、信任度、形象塑造以及与消费者之间的情感联结。乡村文旅品牌力研究需要关注乡村文旅的特点、文化传承、可持续发展以及与游客之间的互动。通过深入研究乡村文旅的品牌力，可以为乡村文旅的发展提供指导和支持，提升品牌在市场上的竞争力。

第一节　乡村文旅概述

一、乡村文旅的定义

乡村文旅是乡村旅游发展的重要分支或方向。[①] 乡村文旅是一种以乡村地区为背景的文化旅游形式。它强调乡村的自然环境、土地资源、传统文化和生活方式的独特性，以吸引游客前往体验和了解乡村的魅力。乡村文旅注重保护和传承乡村的历史、传统和文化遗产，同时促进乡村地区的经济发展和社会进步。通过丰富的旅游活动，游客可以参观乡村景点、品尝当地美食、参与农事体验、与当地居民互动等，感受乡村的宁静与美丽。乡村文旅的发展还促进了乡村地区的生态保护和可持续发展，推动了乡村振兴战略的实施。

① 王迎新．文化旅游管理研究 [M]. 北京：现代出版社，2019：31.

二、乡村文旅的来源和发展

乡村文旅的产生和发展是一个由初级到复杂、由单一到多元的过程，这个过程中既包含社会经济的转型，也包含人类对生活品质追求的提升，是多重因素影响下的结果。

（一）乡村文旅的来源

乡村文旅的来源最早可以追溯到20世纪70年代的欧洲。当时，由于工业化进程的加速和城市生活的快节奏，许多人开始渴望逃离城市的喧嚣和压力，寻找一种更宁静、更接近自然的生活方式。这种对自然环境和乡村生活的向往促使人们选择到乡村地区度假和旅游。

在这个背景下，乡村旅游逐渐兴起。人们开始到乡村地区寻找平静和宁静，享受乡村的自然风光、清新空气和慢节奏的生活。乡村旅游以独特的乡村景观、乡土文化和传统生活方式吸引了越来越多的游客。这种旅游形式注重与自然的亲密接触、农事体验、传统手工艺品欣赏等，为游客提供了一种与城市生活截然不同的体验。

随着环保意识的兴起和可持续发展理念的推广，乡村旅游逐渐发展为乡村文旅。乡村文旅不仅注重游客的体验和休闲度假，更强调乡村的文化内涵、乡土特色和生态保护。乡村文旅通过挖掘和展示乡村地区的文化遗产、传统工艺、乡土知识等，为游客提供更丰富、更深入的乡村体验。同时，乡村文旅也为乡村地区带来了经济增长和就业机会，促进了乡村地区的可持续发展和文化传承。

乡村文旅来源于人们对乡村生活的向往和追求，以及对环境保护和传统文化的重视。乡村文旅从欧洲起源，逐渐在全球范围内兴起并得到推广。在中国，随着城市化进程和经济发展，乡村文旅成为推动乡村振兴和文化传承的重要方式。

（二）乡村文旅的发展

乡村文旅的发展可以分为三个阶段。

第一个阶段是乡村观光旅游阶段。这个阶段主要强调游客对乡村自

然风光和田园景象的观览和欣赏。游客通过参考乡村的风景名胜和农田景观等来享受乡村的宁静与美丽。

第二个阶段是农事体验和乡村文化体验阶段。在这个阶段，乡村文旅开始注重游客的亲身参与和体验。游客可以参与农事活动，例如采摘水果、种植蔬菜、体验农耕等，亲自感受和体验乡村生活的乐趣。同时，游客也有机会深入了解乡村的历史文化、传统习俗和民俗艺术，通过参观村落、乡土博物馆、民俗展示等活动来感受乡村的独特魅力。

第三个阶段是乡村文旅多元化发展阶段。在这个阶段，乡村文旅开始融入教育、艺术、健康等元素，形成了更多样化的旅游产品。例如，乡村学校可以开展研学旅行活动，让学生在乡村中学习自然科学、生态环境保护等知识；乡村艺术家可以举办艺术创作营地，吸引艺术爱好者来体验创作过程；乡村康养基地可以提供健康养生、休闲度假等服务，吸引追求健康生活方式的游客。

社会经济的发展和人们对乡村生活的向往，使得乡村文旅逐渐从粗放型朝精细化、专业化的方向发展。旅游机构和乡村社区开始注重市场化运营，提升服务质量和效率。同时，乡村文旅也在实现可持续发展方面做出努力，保护乡村的生态环境和文化资源，提高乡村居民的收入和生活质量。

乡村文旅的发展经历了从观光旅游到体验式旅游再到多元化发展的过程。它不仅满足了人们对乡村生活的向往和追求，也为乡村地区带来了经济增长和文化传承的机会。未来，乡村文旅将继续朝着多元化、专业化和可持续性的方向发展，为游客提供更丰富、更深入的乡村体验。

三、乡村文旅的类型

乡村文旅的类型多样化，可以根据不同的游客需求和乡村特点来选择适合的旅游体验。这些类型的结合和创新，丰富了乡村旅游的内容，为游客提供了丰富多样的体验机会，同时也促进了乡村地区的经济发展和文化传承。常见的乡村文旅有生态观光、农事体验、民俗体验、文化研学、艺术创作等类型。

（一）生态观光

生态观光是乡村文旅中一种重要的旅游方式。它以乡村的自然环境和生态资源为主题，让游客可以亲近自然、欣赏自然风光，同时关注生态保护和可持续发展。

在生态观光中，游客可以参观和探索乡村的各种自然景观，例如壮丽的山水风光、湖泊湿地、森林草原等。他们可以漫步在乡村的自然景观中，感受大自然的宁静与美妙。通过欣赏和体验自然风光，游客可以远离城市的喧嚣和压力，放松心情。此外，生态观光也注重生态保护和环境教育。游客可以参与生态保护活动，了解乡村的生态系统，学习如何保护自然资源和生物多样性，还可以参与植树造林、野生动植物保护等活动，为乡村的生态环境贡献自己的力量。

生态观光不仅能让游客享受到自然的美景，还能让游客深入了解和体验生态环境。通过观察野生动植物、探索生态景观，游客可以增加对生物多样性和生态平衡的认识，培养环保意识和可持续发展的观念。

（二）农事体验

农事体验是乡村文旅中一种非常受欢迎的旅游方式。它通过让游客亲身参与农耕活动和农村生活，体验农民的日常工作和生活方式，进一步了解乡村文化和农业生产。

在农事体验中，游客可以参与各种农田劳作，如耕种、播种、收割等。他们可以亲自参与农作物的种植过程，了解不同农作物的生长周期和种植技巧。通过亲身体验农田劳作，游客可以更加深入地了解农村的辛勤劳作和农民的生活方式。

此外，农事体验还包括与农村文化和传统技艺的互动。游客可以学习农村的传统工艺，如编织、陶艺、制作传统食品等。他们可以与当地农民交流，了解他们的传统习俗、民俗活动和乡土文化。通过亲自体验和学习，游客可以更加全面地认识和体验乡村的文化底蕴。

农事体验不仅提供了与农村生活的亲密接触，还让游客更加了解农业的重要性和农民的辛勤付出。通过亲身体验，游客可以感受到农田劳

作的辛苦与乐趣，增强对农民的尊重和敬意。同时，农事体验也促进了乡村的可持续发展，鼓励农业创新和农村产业发展。

（三）民俗体验

民俗体验是乡村文旅中一种重要的旅游方式，旨在让游客了解和参与乡村的传统文化和习俗。通过参观村落的传统建筑、观赏民间表演、学习手工艺制作、品尝当地特色美食等活动，游客可以深入地体验乡村的传统文化魅力和独特习俗。

在民俗体验中，游客可以参观乡村的传统建筑，如古老的民居、庙宇、祠堂等。这些建筑代表了乡村的历史和文化传承，游客可以了解当地的建筑风格、传统工艺和建筑意义。通过参观，游客可以感受到乡村的历史沉淀和传统文化的独特魅力。

此外，民俗体验还包括观赏民间表演和艺术形式。游客可以欣赏传统的舞蹈、音乐、戏剧等民间表演，了解乡村的艺术传统和表演形式。通过观赏表演，还可以感受到乡村文化的独特氛围和艺术表达。

民俗体验还包括学习手工艺制作和传统技艺。游客可以参与手工艺制作，如陶艺、编织、绘画等，学习传统技艺并亲手制作手工作品。通过学习和制作，游客可以感受到传统工艺的精湛和创作的乐趣，同时促进了传统手工艺的传承与发展。

最后，民俗体验还包括品尝当地特色美食和参与传统节庆活动。游客可以品尝乡村的特色美食，了解当地的饮食文化和独特口味。同时，他们还可以参与传统的节庆活动，如年俗庆典、传统婚礼等，亲身体验乡村的传统习俗和欢庆氛围。

（四）文化研学

文化研学是乡村文旅中的一种重要类型，将教育和旅游相结合，旨在通过参观乡村的历史遗迹、博物馆、文化展示馆等场所，学习和研究了解乡村的历史文化、传统工艺等知识。

在文化研学中，游客可以参观乡村的历史遗迹，如古建筑、遗址等，了解乡村的历史演变和重要事件。通过观察和学习，游客可以了解乡村的历史背景、发展过程以及历史人物的故事，从而对乡村的文化积淀有更深入的认识。游客还可以参观博物馆和文化展示馆，了解乡村的传统工艺、艺术品、民俗文化等。这些场所通常展示了丰富的文物和展品，通过观赏和解读，游客可以了解乡村的传统技艺、艺术形式以及当地人的生活方式和信仰。

在文化研学中，游客还可以参与文化课程和工作坊，学习乡村的传统技艺和手工艺制作。例如，学习民间绘画、传统乐器演奏、手工制作等，深入体验乡村的文化底蕴和艺术魅力。通过实际动手和学习，游客不仅可以培养自己的艺术技能，还可以感受乡村文化的独特之处。

文化研学的目的是利用教育和学习的方式，让游客更深入地了解和体验乡村的历史文化，丰富自己的知识和文化素养。通过参观遗址、博物馆、文化展示馆等场所，学习传统工艺和参与文化课程，游客可以在乡村旅行中获得更丰富的文化体验，增长自己的见识和认知。同时，这也促进了乡村文化的传承和发展，推动了乡村文化旅游的可持续发展。

（五）艺术创作

艺术创作是乡村文旅中的一种重要类型，它将乡村作为艺术家和创作者的创作灵感源泉，通过绘画、摄影、音乐、舞蹈等艺术形式，表达对乡村的情感和对乡村美的诠释。

在乡村的自然环境中，艺术家可以通过绘画和摄影记录下乡村的美丽景色、迷人风光和独特自然元素。他们可以捕捉大自然的变幻和细腻之处，创作出富有艺术感和创意的作品。通过艺术创作，艺术家可以传达对乡村自然的赞美和对生态环境的关注，呈现出独特的视觉效果和艺术表现力。此外，乡村的人文景观和乡土文化也为艺术创作提供了丰富的素材。艺术家可以通过舞蹈、音乐等表演艺术形式，表达对乡村人文的理解和情感。他们可以从乡村的传统乐器、歌谣、舞蹈等文化元素中获取创作灵感，创作出独具风格和表达力的艺术作品。这种艺术创作形式不仅丰富了乡村文化的表达方式，也为艺术家和观众带来了独特的艺术体验。

艺术创作不仅丰富了乡村文旅的内容和形式，也为乡村注入了艺术

的活力和创造力。艺术家和创作者通过创作，将乡村的美丽和独特之处展现给观众，传递出对乡村的热爱和关怀。同时，艺术创作也为乡村文旅提供了一种新的体验方式，让游客在欣赏和参与艺术创作的过程中，更加深入地了解和感受乡村的魅力。

四、乡村文旅的价值

对于乡村文旅的价值，可以从多个维度进行解读，包括经济价值、文化价值、社会价值以及环境价值等。

（一）经济价值

乡村文旅具有以下几个方面的经济价值。

1. 促进就业和增加收入

乡村文旅的发展可以创造新的就业机会，特别是在农村地区，可以提供更多的就业岗位，改善农民的就业状况。同时，乡村文旅的推动也可以增加农民的收入来源，通过提供旅游服务、农事体验、农产品销售等方式，增加农民的经济收入。

2. 带动农产品销售和农业发展

乡村文旅的发展可以带动农产品的销售，通过农事体验、农产品直销等方式，将农产品与旅游消费相结合，促进农产品的增值和销售。同时，乡村文旅的推动也可以鼓励农民进行农业产业的转型升级，发展特色农业和生态农业，提高农业的产值和竞争力。

3. 带动乡村产业链发展

乡村文旅的兴起可以催生一系列相关的产业链，如农产品深加工、乡村餐饮、民宿等。乡村文旅的发展需要配套产业予以支撑，这些产业的发展与乡村旅游相互促进，形成良性循环，为乡村经济提供多元化的发展机遇。

4. 提升乡村形象和吸引投资

乡村文旅的繁荣可以改善乡村形象，吸引更多的投资和资源向乡村流入。乡村文旅的发展需要基础设施建设、乡村环境改善等方面的支持。这些投资将进一步促进乡村经济发展。

乡村文旅具有丰富的经济价值，通过促进就业和增加收入、带动农产品销售和农业发展、带动乡村产业链的发展以及提升乡村形象和吸引投资等方面的作用，为乡村经济发展提供了新的动力和机遇。乡村文旅的发展将对乡村地区的经济增长、农民收入改善和农业产业升级等方面产生积极的影响。

（二）文化价值

乡村文旅作为乡土文化保护和传承的载体，在文化价值方面具有重要作用。

1. 保护和传承乡土文化

乡村文旅的发展可以促进乡土文化的保护和传承。乡村地区通常承载着丰富的历史文化遗产、传统工艺和乡土知识，通过发展文旅产业，可以将这些文化资源整合起来，并通过展示、解说和体验等方式传承给后代。这有助于保护乡村的独特文化特色，避免文化的消失和遗忘。

2. 增进对乡村文化的理解和认同

乡村文旅的发展可以帮助人们更好地了解和体验乡村的历史文化、传统工艺和乡土知识。游客可以通过参观乡村文化景点、参与传统活动、品尝当地美食等方式，深入了解乡村的文化内涵，加深对乡村文化的理解和认同。这有助于打破城乡之间的隔阂，促进城乡文化的交流和融合。

3. 创新和传播传统文化

乡村文旅不仅可以传承传统文化，还可以用新的形式对其进行创新和传播。通过设计开展文化创意产品、举办文化艺术展览、推出文化体验项目等，可以将传统文化融入现代生活，让更多的人接触并热爱乡村文化。同时，借助互联网和社交媒体等平台，可以将乡村文化推广给更广泛的受众，提升其影响力和传播效果。

乡村文旅的发展对于乡土文化的保护和传承具有重要意义。通过乡村文旅，人们可以更好地了解、体验和传播乡村的历史文化、传统工艺

和乡土知识，促进乡村文化的传承与创新，同时也为乡村振兴和可持续发展注入新的活力。

（三）社会价值

乡村文旅的发展在社会价值方面具有重要作用。

1. 城乡交流与理解

乡村文旅可以促进城市居民走出城市，亲身体验乡村的自然环境、文化传统和生活方式。通过与乡村居民的交流和互动，城市居民可以更好地了解乡村的美丽和魅力，增进对乡村的理解和尊重。这种城乡交流有助于缩小城乡之间的差距，促进城乡间的融合与共享。

2. 社区建设与农村治理

乡村文旅的发展可以带动乡村社区建设和改善农村治理。为了吸引游客和满足他们的需求，乡村社区需要改善基础设施、提升公共服务水平，并保护和传承本地的自然和人文资源。在这个发展过程中，需要乡村居民积极参与，促进社区的自治和共建共享，进一步提升乡村社区的凝聚力和发展能力。

3. 就业机会

文化旅游作为一种新兴产业，为乡村地区提供了多元化的就业渠道。通过发展特色餐饮、民宿、手工艺品等业态，乡村文旅不仅吸引了大量游客，也为当地居民创造了丰富的就业机会。这种就业机会的增加，尤其对于技能水平较低的劳动力具有重要意义，因为它们通常不需要高等教育背景或专业技能。此外，乡村文旅的发展还促进了相关产业的兴起，如交通、零售和服务业，这进一步扩大了就业市场，增加了就业岗位。因此，乡村文旅在促进就业、提升居民生活水平方面发挥了重要作用，体现了其深远的社会价值。

4. 传统文化保护与传承

乡村文旅的发展可以促进传统文化的保护和传承。乡村是传统文化的重要承载地，通过举办乡村文旅活动，可以吸引更多的游客和文化爱好者前来感知和学习传统文化。同时，为了适应旅游需求，乡村居民也会更加重视传统文化的传承和弘扬，保护乡村的文化遗产和乡土特色，使其得到更好的传承和发展。

乡村文旅的发展不仅可以促进城乡间的交流和理解，提升乡村的社会地位，还可以带动乡村社区建设和改善农村治理，促进乡村社会的和谐稳定。同时，乡村文旅的发展也为乡村带来了新经济增长点和就业机会，促进了传统文化的保护与传承，推动了乡村的可持续发展。

（四）环境价值

乡村文旅对环境的保护和提升具有重要的环境价值。

1. 保护自然生态

乡村文旅有助于保护和恢复自然景观和生物多样性。旅游活动的设计和实施坚持可持续原则，强调对自然资源的合理利用和保护。例如，通过设立生态旅游区、发展乡村绿道，既提供了游客亲近自然、体验乡村文化的机会，同时也促进了生态环境的修复与维护。此外，乡村文旅的发展还鼓励当地社区参与生态保护，提升了居民对环境保护的意识和能力。

2. 提升乡村环境质量

乡村文旅的发展可以带动乡村环境的整治和美化，提升乡村环境质量。为了吸引游客和提供更好的旅游体验，乡村社区会投入更多的精力和资源来改善环境，进行清洁、绿化、美化等工作。这不仅能够提升乡村的整体形象和环境质量，也能为当地居民创造更宜居的生活环境。

3. 强调可持续性

乡村文旅的发展注重可持续性，强调在发展过程中的环境保护和资源利用。乡村文旅鼓励使用可再生能源，倡导节约资源的理念，减少能源消耗和环境污染。同时，乡村文旅也会倡导游客的环保行为，引导游客减少垃圾产生、节约用水等，共同保护乡村的生态环境。

4. 促进生态农业和有机农业发展

乡村文旅的发展可以促进生态农业和有机农业的发展，减少化学农药和化肥的使用，保护土壤和水源的健康，提高农产品的质量和安全

性。乡村文旅可以让游客亲身参与农事活动，体验农耕文化，了解有机农业的理念和实践，推动可持续农业发展。

5. 提供环境教育和促进环保意识提升

乡村文旅提供了一个教育和意识提升的平台，通过展示乡村自然景观和生态系统的美丽和脆弱性，引导人们重视环境保护、生物多样性和可持续发展。乡村文旅可以组织环境教育、生态讲座、参观农田和生态保护区等活动，加强公众对环境保护的认识，培养可持续生活方式。

乡村文旅对环境具有重要的价值，不仅在保护自然生态、提升乡村环境质量方面起到积极作用，还通过强调可持续性和环境教育，促进了环境保护意识的提升。乡村文旅的发展必须与环境保护紧密结合，确保乡村的生态环境可持续发展。

乡村文旅的价值是多元和复合的，它不仅可以推动乡村经济的发展，传承和创新乡村文化，还可以促进城乡交流和乡村社区建设，同时有利于乡村环境的保护和提升。

五、乡村文旅的未来发展趋势

（一）多元化发展

乡村文旅将从单一的观光旅游模式转变为多元化发展。这种转变是为了满足不同游客的需求。传统的观光旅游只强调景点的观赏，而多元化发展将注重提供更加丰富多样的体验和活动。例如，乡村文旅可以开展深度体验活动，让游客亲身参与农耕体验、手工艺制作、乡村美食制作等，以更加贴近自然和农村生活。此外，研学旅游也是乡村文旅的一个重要方向，通过实地考察和参与手工艺制作等活动，学生可以学习自然科学、农业知识和乡村文化。这种多元化的发展模式将使乡村文旅更加丰富多彩，吸引更多游客。

乡村文旅的多元化发展趋势还包括注重文化体验和休闲度假。乡村是传统文化的重要承载地，乡村文旅将强调传统文化的传承和体验。通过举办民俗展示、传统手工艺制作、乡村音乐演出等活动，游客可以感受乡村的历史和文化底蕴。同时，乡村文旅也将提供休闲度假的场所和设施，吸引城市居民前往乡村放松身心。农家乐、温泉度假村、田园酒店等将提供安静舒适的环境和各种休闲活动，如温泉浸泡、农田漫步、农庄瑜伽等，让游客能够在乡村中享受悠闲的时光。

乡村文旅的多元化发展趋势将使乡村旅游更加多样化和个性化，满足不同游客的需求。通过深度体验、研学旅游、休闲度假、农事体验和文化体验等形式，乡村文旅将为游客提供丰富多彩的旅游体验，促进乡村经济发展，并促进城乡之间的交流与合作。

（二）科技创新应用

科技的不断进步将为乡村文旅带来新的机遇。乡村文旅可以借助大数据分析、云计算和人工智能等新技术提升服务质量和运营效率。首先，智能化的导览系统和虚拟现实技术可以为游客提供更便捷和丰富的游览体验。游客可以使用智能导览设备或手机应用程序，获取准确的导览信息、历史文化背景和自然景观介绍。游客也可以利用虚拟现实技术进行沉浸式体验，感受更加逼真的乡村环境和文化氛围，进一步提升旅游体验的质量。

其次，科技创新应用可以提升乡村文旅的运营效率和管理水平。通过引入在线预订系统和智能导游服务，游客可以更好地规划行程和享受个性化的旅游体验。在线预订系统可以方便游客提前安排行程、购买门票和预订住宿，减少排队等待时间，提高游客的满意度。智能导游服务可以根据游客的兴趣和需求，提供个性化的推荐和路线规划，帮助游客更好地了解乡村的特色和亮点。

最后，科技创新应用还可以促进乡村文旅与其他产业的融合发展。例如，乡村文旅可以与农业、文化创意产业等深度融合，通过农产品电商平台和文化创意产品的推广，将乡村特色产品和服务更好地推向市场。同时，利用大数据分析和智能化管理系统，乡村文旅可以更好地了解游客的需求和偏好，进行精细化运营和产品创新，提升乡村旅游的竞争力和可持续发展能力。

科技创新应用是乡村文旅未来发展的重要趋势。借助智能化导览系统、虚拟现实技术、在线预订系统和智能导游服务等新技术，乡村文旅可以提供更加便捷和丰富的旅游体验，同时提高运营效率和管理水平。科技创新应用还能促进乡村文旅与其他产业的融合，推动乡村经济的发展和可持续发展能力的提升。

（三）可持续发展

乡村文旅将注重环境可持续性发展。为了保护乡村的自然环境和生态系统，乡村文旅将积极推动生态农业的发展。生态农业注重有机种植和对农业生态系统的保护，减少农业化学品的使用，提高农产品的品质和安全性。同时，乡村文旅还将推动生态建设，注重保护乡村的水、森林、湿地等自然资源，通过生态修复和生态旅游规划，保护和恢复生态环境。此外，乡村文旅将加强环境教育，通过开展生态参观、环保培训等活动，提高游客和当地居民的环保意识，使其共同参与环境保护。

乡村文旅将注重文化可持续性发展。乡村作为传统文化的重要承载地，乡村文旅将致力于传承和保护乡村的历史文化和传统知识。通过举办民俗展示、传统手工艺制作、文化体验等活动，乡村文旅将让游客深入了解乡村的文化底蕴，并帮助传承乡村的传统技艺和民间艺术。此外，乡村文旅还将鼓励文化创意产业的发展，通过设计和生产具有乡村特色的文化创意产品，为乡村经济注入新的活力，并推动传统文化的创新与传承。

乡村文旅的可持续发展将注重环境可持续性和文化可持续性。通过生态农业、生态建设和环境教育，乡村文旅将保护和恢复乡村的自然环境，实现乡村旅游与环境保护的协同发展。同时，通过文化体验、文化创意产品等方式，乡村文旅将传承和保护乡村的历史文化和传统知识，促进乡村文化可持续发展。这样的发展模式不仅能够保护乡村的资源和环境，还能够提升乡村文旅的吸引力和竞争力，实现可持续发展的目标。

（四）“互联网+”乡村文旅

互联网技术的普及和发展为乡村文旅带来了更多的便利和选择。通过互联网平台，游客可以轻松获取关于乡村旅游目的地的信息，包括景点介绍、活动安排、交通路线等。在线预订和支付系统也使得游客能够方便地选择并购买乡村旅游产品，节省了时间和精力。互联网的普及为游客提供了更加便捷和个性化的乡村旅游体验。

互联网平台为乡村文旅提供了更广泛的宣传和推广渠道。通过社交媒体、旅游平台和在线旅游平台等，乡村文旅可以将自己的旅游产品和特色推广给更多的潜在游客。这种广泛的宣传渠道不仅能够增加乡村旅游的知名度和曝光率，还能够吸引更多的游客前往乡村旅游。互联网平台的便利性和信息传播的高速度，使得乡村文旅能够更好地与游客沟通和互动。

此外，互联网技术还可以促进乡村文旅与其他产业的融合，实现互利共生。乡村文旅与农业、文化创意产业等的融合可以带来双赢的效果。例如，乡村文旅可以与当地农民合作，推动农产品的在线销售和配送，促进农业发展和农民收入增加。同时，乡村文旅还可以与文化创意产业合作，开展文创产品的设计和销售，将乡村文化与创意产品相结合，创造更多的就业机会和更高的经济效益。

“互联网 +”乡村文旅将成为未来乡村旅游发展的重要趋势。通过互联网技术的应用，游客可以便捷地了解和选择乡村旅游产品，乡村文旅可以通过互联网平台进行广泛的宣传和推广。同时，互联网技术还可以促进乡村文旅与其他产业的融合，实现互利共生。这将推动乡村旅游的可持续发展，为乡村经济的繁荣做出积极贡献。

第二节　品牌力的概念与内涵

一、品牌力的定义

品牌力是指一个品牌在市场上的吸引力和竞争力，它包括多个方面的要素，如品牌知名度、品牌形象、品牌信誉、品牌忠诚度等。强大的

品牌力意味着消费者对品牌的认知和信任度高，愿意选择并忠诚于该品牌的产品或服务。这种认同感和忠诚度不仅有助于品牌在市场上赢得更多的消费者，还可以增加品牌的市场份额和盈利能力。

品牌知名度的高低，表明了品牌在市场上的地位和在消费者心目中的排序。[①] 品牌知名度是指消费者对于品牌的知晓程度和熟悉程度，它与品牌的市场覆盖范围和品牌传播的效果有关。品牌形象是指品牌在消费者心中形成的形象和印象，包括品牌的个性、风格、定位等方面。品牌信誉是指品牌在市场上的信誉和声誉，消费者对品牌的信任度和评价。品牌忠诚度是指消费者对品牌的忠诚程度和持续购买意愿，即愿意长期选择该品牌的产品或服务。

一个具有强大品牌力的品牌能够吸引更多的消费者，保持竞争优势，并在市场上获得更高的市场份额和盈利能力。为了增强品牌力，企业需要通过积极的品牌管理和营销策略来建立良好的品牌形象、提升品牌知名度、树立良好的品牌信誉，并通过优质的产品和服务来赢得消费者的忠诚度。

二、品牌力的构成

品牌力的构成要素包括品牌知名度、品牌忠诚度、品牌关联、品牌信誉和品牌资产。

（一）品牌知名度

品牌知名度是衡量消费者对品牌认知程度的一个指标，它反映了一个品牌在目标市场上的知名程度和影响力。品牌知名度的高低直接影响消费者的购买决策，因为消费者往往会选择自己熟悉和信任的品牌。

品牌知名度的形成是一个长期过程，需要通过持续的品牌推广和营销活动来提升。这些活动包括广告宣传、社交媒体营销、公关活动、赞助活动、口碑传播等。这些活动的目的都是让更多的消费者了解和认识

① 刘述文．品牌营销策划十大要点 [M]. 北京：企业管理出版社，2021：178.

品牌，从而提高品牌的知名度。

（二）品牌忠诚度

品牌忠诚度是消费者对品牌的忠诚程度，它建立在持续的品牌满意度、产品质量和服务质量等因素之上。品牌忠诚度源于用户推荐率，在经济“护城河”要素中，用户黏性其实是一种核心的竞争优势和壁垒。[①]消费者对品牌的情感联系、信任度以及购买行为的重复性都是品牌忠诚度的体现。一个品牌若能获得较高的品牌忠诚度，就能在竞争激烈的市场中保持稳定的客户基础。这可以通过确保消费者对品牌整体满意、提供优质产品和服务、建立品牌认同感和信任度等方式来实现。

建立高度的品牌忠诚度对于品牌的长期成功非常重要。忠诚的消费者通常会忽视其他竞争品牌的诱惑，而选择并坚持购买自己信任和喜爱的品牌的产品或服务。品牌忠诚度有助于品牌提高市场份额和重复购买率，并建立良好的口碑传播。通过不断提升品牌满意度、产品质量和服务质量，以及与消费者建立深层次的情感联系和信任关系，品牌能够在竞争激烈的市场中保持竞争优势，实现持续的商业成功。

（三）品牌关联

品牌关联指的是消费者在思考某个品牌时，与该品牌相关的知识、经验和情感等方面的信息在他们脑海中浮现的程度。这些信息包括品牌的名称、标志、广告宣传、产品特点、声誉等。管理品牌关联管理是指企业用适当方式使品牌与顾客日常生活保持联系，它已成为当今企业品牌塑造和品牌忠诚培育的重要管理模式。[②]

强烈的品牌关联对于品牌的认知和记忆非常重要。如果消费者能够迅速地将某个产品或服务与特定的品牌联系起来，他们更有可能选择该品牌并保持对其忠诚度。品牌关联可以通过多种方式建立和加强，包括

① 翁怡诺．新品牌的未来 [M]. 天津：天津科学技术出版社，2020：232.

② 王新新．品牌符号论：后工业社会的品牌管理理论与实践 [M]. 长春：长春出版社，2011：179.

广告和营销活动、品牌形象塑造、品牌口碑传播以及与消费者的情感共鸣等。

强大的品牌关联可以提高品牌的认知度和辨识度。消费者在购买决策时，会更倾向于选择自己熟悉和信任的品牌，而不是陌生的品牌。因此，建立积极的品牌关联有助于提高品牌忠诚度和重复购买率，同时也能增加品牌在市场竞争中的优势地位。

品牌关联的建立需要品牌在市场上积极宣传和营造形象，以及获得消费者的积极体验和正面反馈。通过有效的品牌传播和营销策略，品牌可以塑造独特而积极的品牌关联，从而增强消费者对品牌的认知、记忆和忠诚度。

（四）品牌信誉

品牌信誉是指消费者对品牌的信任和尊重程度，它是品牌在长期经营中积累的产品质量、服务质量、可靠性以及社会责任等方面的表现。

良好的品牌信誉对于品牌的成功至关重要。当消费者认为一个品牌具有良好的信誉时，他们更有信心购买该品牌的产品或服务，并愿意将其推荐给他人。品牌信誉可以在消费者决策过程中起到重要的影响作用，尤其是在面临多种选择的竞争激烈市场环境中。

建立和维护品牌信誉需要品牌保持高水平的产品质量和服务质量。品牌应致力于提供优质的产品和服务，以满足消费者的期望和需求。此外，品牌还应承担社会责任，积极履行对环境、社会和利益相关方的责任，通过可持续和道德的经营行为赢得消费者的信任。

品牌信誉的建立需要时间和努力。品牌应通过积极的口碑传播、消费者反馈的及时处理和持续的创新来增强品牌信誉。消费者的积极经验和正面评价将有助于巩固品牌信誉，吸引更多的消费者选择该品牌。

（五）品牌资产

品牌资产是指品牌作为一项具有经济价值的资产，包括市场份额、市场增长率、市场竞争力、品牌忠诚度和品牌声誉等方面的价值。高价值的品牌资产对企业具有重要意义，它可以提高企业的市场竞争力，并为企业带来更多的投资和合作机会。

品牌资产的价值取决于多个因素。首先，市场份额是评估品牌资产价值的关键指标之一。较高的市场份额意味着品牌在市场上的影响力和市场占有率较高，能够吸引更多的消费者和潜在客户。其次，市场增长率也对品牌资产的价值产生影响。品牌所处市场的增长潜力越大，品牌资产的价值越大。再次，市场竞争力是衡量品牌资产的重要指标。品牌在市场中拥有竞争优势，例如独特的产品特点、差异化的品牌定位或高度的品牌忠诚度，将提高品牌资产的价值。最后，品牌忠诚度和品牌声誉也是评估品牌资产价值的关键因素。高度忠诚的消费者持续购买品牌的产品或服务，并且更有可能将其推荐给他人，从而增加品牌的市场份额和品牌资产的价值。良好的品牌声誉意味着消费者对品牌的信任和认可，能够为品牌带来更多的商业机会和合作伙伴。

三、品牌力的度量

度量品牌力的主要方法有品牌知名度调查、品牌满意度调查、品牌忠诚度调查和品牌价值评估等。

（一）品牌知名度调查

品牌知名度是评估品牌力的重要指标之一，它反映了消费者对品牌的认知程度和熟悉程度。了解品牌知名度可以帮助企业评估品牌在市场上的影响力和知名程度，从而指导品牌策略和市场营销活动。

进行品牌知名度调查可以采用多种方法，常见的有以下几种方式。

1. 问卷调查

可以设计一份问卷，通过面对面访谈、电话调查或在线调查等形式，向受访者询问与品牌相关的问题。例如，可以询问消费者在一定时间内可以记忆的品牌名称数量，或者让消费者在给定的产品类别中列举他们熟悉的品牌。

2. 在线调查

通过在线调查平台或社交媒体平台，发布调查问卷，邀请受众参与调查。这种方式可以快速、广泛地获取消费者对品牌的认知程度和熟悉程度的数据。

3. 社交媒体分析

利用社交媒体分析工具，监测和分析消费者在社交媒体平台上与品牌相关的互动和提及情况。通过分析品牌在社交媒体上的曝光度和话题讨论程度，可以评估品牌在消费者中的知名度。

品牌知名度调查的结果可以帮助企业了解品牌在市场上的位置和形象，揭示品牌的优势和改进空间。基于这些数据，企业可以制定相应的品牌推广策略，提高品牌知名度，拓展市场份额，并与竞争对手进行区分。该调查结果还可以作为品牌知名度的基准，并不断跟踪和比较，评估品牌知名度的变化和提升效果。

（二）品牌满意度调查

品牌满意度调查是评估消费者对品牌满意程度的一种常用方法，用于了解消费者对品牌的感受和评价。品牌满意度反映了消费者对品牌在产品性能、价格、服务、形象等方面的满意程度。

进行品牌满意度调查可以借助下列方法。

1. 调查问卷

设计一份针对品牌满意度的调查问卷，通过面对面访谈、电话调查或在线调查等方式，向受访者询问与品牌相关的满意度问题。问卷可以包括对产品性能、价格合理性、售后服务质量、品牌形象和品牌价值观等方面的评价。

2. 在线评价分析

通过分析消费者在各种在线渠道（如社交媒体、产品评价网站、论坛等）上的评价和反馈，了解消费者对品牌的满意度和体验感。这种方法可以帮助企业捕捉消费者的真实意见和情感，从而识别品牌的优势和改进空间。

品牌满意度调查的结果可以帮助企业了解消费者对品牌的感受和评价，评估品牌在各个方面的表现。基于这些数据，企业可以针对消费者的需求和反馈，制定改进和提升品牌的策略和措施。通过提高品牌的满意度，企业可以增强消费者的忠诚度，促进口碑传播，并在竞争激烈的市场中保持竞争优势。此外，品牌满意度调查可以定期进行，以追踪和比较消费者对品牌的满意度的变化趋势。这有助于企业了解改进措施的有效性，及时调整品牌策略，并持续提升品牌满意度和消费者体验感。

（三）品牌忠诚度调查

品牌忠诚度调查是评估消费者对品牌的忠诚程度的一种常用方法[①]，用于了解消费者与品牌之间的关系和行为。品牌忠诚度反映了消费者对品牌的持续支持和偏好程度。

进行品牌忠诚度调查可以采用如下方法。

1. 重复购买率调查

通过跟踪调查消费者的购买行为，了解他们对特定品牌的再次购买情况。这可以通过在线调查、客户调查或销售数据分析等方式进行。高重复购买率意味着消费者对品牌的忠诚度较高。

2. 推荐意愿调查

推荐意愿调查即询问消费者是否愿意向他人推荐该品牌。这可以通过问卷调查、面对面访谈等方式进行。如果消费者愿意积极地向他人推荐该品牌，表明他们对品牌的忠诚程度较高。

除了上述方法外，还可以结合其他指标和数据进行综合评估，如忠诚度计分模型、品牌关注度、品牌参与度等。

品牌忠诚度调查的结果可以帮助企业了解消费者对品牌的忠诚程度，评估品牌在消费者中的影响力。基于这些数据，企业可以采取相应的措施来增强消费者对品牌的忠诚度，如提供更好的产品和服务、加强品牌与消费者的情感联系、开展忠诚度奖励计划等。定期进行品牌忠诚

① 路月玲．数字时代的品牌传播：战略与策略 [M]. 广州：中山大学出版社，2020：102.

度调查可以帮助企业跟踪和比较消费者对品牌的忠诚程度的变化趋势，评估品牌策略的有效性，并及时做出调整和改进，以持续提升品牌的忠诚度和消费者关系，确保品牌在市场竞争中占有竞争优势。

（四）品牌价值评估

品牌价值评估是评估品牌经济价值的一项重要工作，它需要专业的财务和市场分析来进行。品牌价值是衡量品牌力和品牌资产的重要指标之一。

以下是几种常见的品牌价值评估方法。

1. 财务法

财务法主要基于品牌能够带来的未来现金流进行折现计算。这种方法需要评估品牌对企业的财务绩效产生的影响，通过考虑品牌在销售增长、定价力、市场份额等方面的影响，估算品牌对企业未来现金流的贡献。

2. 市场法

市场法主要基于品牌在市场上的表现进行估算。这种方法通过比较品牌与竞争对手在市场上的相对表现，例如市场份额、销售增长、品牌认知度等，以确定品牌的价值。常见的市场法包括市场相对法和收益倍数法等。

3. 成本法

成本法基于建立和维护品牌需投入的成本进行估算。该方法考虑了品牌形象塑造、市场推广、广告宣传等方面的投入成本，从而评估品牌的价值。这种方法适用于初创品牌或者需要评估品牌投资回报率的情况。

品牌价值评估需要综合考虑多个因素，包括品牌知名度、品牌忠诚度、品牌声誉、品牌资产等。这需要专业的财务和市场分析，以及对行业和市场的深入了解。品牌价值评估可以帮助企业了解品牌在市场上的经济价值，并为制定品牌战略和决策提供参考依据。

四、品牌力的影响因素

品牌力是由多种复杂因素共同塑造的，包括品牌策略、产品质量、市场环境以及消费者行为。精心设计的品牌策略和优质的产品能够增强消费者的认知和忠诚度，良好的市场环境则为品牌的发展提供了背景和机会，而消费者行为直接反映了品牌的吸引力和影响力。

（一）品牌策略

品牌策略涵盖以下几个方面。

1. 品牌定位

品牌定位是指在目标市场上为品牌确定独特的地位和形象。这包括确定目标消费者群体、产品或服务的特点和优势，以及与竞争对手的区别。品牌定位应该清晰明确，能够吸引目标消费者并与他们的需求和价值观相契合。

2. 品牌传播

品牌传播策略涉及如何有效地向目标消费者传递品牌信息和价值观。这可以通过广告、公关活动、社交媒体、品牌代言人等方式实现。品牌传播应该在目标受众中建立品牌认知度，并塑造积极的品牌形象，使消费者认可和接受品牌。

3. 品牌扩展

品牌扩展策略关注如何通过引入新产品或服务来增加市场份额和知名度。品牌扩展可以基于现有品牌的信任和忠诚度来推出新产品线或进入新市场领域。这可以通过产品创新、市场调研和合作伙伴关系实现，以确保品牌扩展与核心品牌形象相一致。

4. 品牌一致性

品牌一致性是一个重要的品牌策略，指的是在不同渠道和触点上保持品牌形象、声音和价值的一致性。这可以通过统一的品牌标识、设计元素、语言风格和顾客体验实现。品牌一致性可以增强品牌的认知度和可信度，建立消费者对品牌的信任。

5. 品牌管理

品牌管理是品牌策略的关键组成部分，涉及监测和评估品牌的表现，并根据市场反馈进行调整和优化。品牌管理需要跟踪品牌指标的变化情况，例如市场份额、顾客满意度、品牌忠诚度等，并及时采取行动解决问题和提高品牌价值。

这些方面都是品牌策略中需要考虑和执行的重要元素，通过有效的品牌策略，企业可以建立强大的品牌力量，并在竞争激烈的市场中取得成功。

（二）产品质量

产品质量在塑造品牌力方面发挥了关键作用。它是消费者在选择产品或服务时最关心的因素之一。产品质量，无论是实物产品的耐用性、性能、安全性，还是服务的及时性、专业性、周到程度，都直接影响消费者对品牌的满意度。

满意度高的消费者往往愿意再次选择该品牌的产品或服务，甚至向其他人推荐，这样就形成了强大的品牌忠诚度。品牌忠诚度对于品牌力的提升具有重要意义，因为忠诚的消费者不仅会持续为品牌带来稳定的收入，他们的积极口碑也会吸引更多的新客户，从而提升品牌的市场份额和知名度。

优质的产品不仅能赢得消费者的认可，也能在竞争激烈的市场中为品牌赢得独特的地位。如果品牌产品能够始终保持高质量，那么无论市场如何变化，消费者都会对品牌保持信赖，这样的品牌力是无可替代的。

（三）市场环境

市场环境是指一个品牌或企业所处的外部经济和竞争条件，它涉及行业竞争、经济状况、技术发展等多个方面。在竞争激烈的市场环境中，品牌需要采取积极措施提升品牌力，脱颖而出。

无论是传统行业还是新兴行业，竞争都变得越来越激烈。品牌在这样的竞争环境中需要找到自己的差异化优势，以吸引消费者的注意并建立忠诚度。这可以通过产品创新、品质保证、独特的市场定位等方式实现。品牌还需要关注竞争对手的动态，了解他们的市场策略和举措，并不断提高自身的竞争力。经济的繁荣或衰退会直接影响消费者的购买力和购买行为。在经济繁荣时期，消费者可能更加愿意购买高端品牌或奢侈品，而在经济衰退时期，消费者则更加注重性价比和实用性。品牌需要根据经济状况调整市场定位和产品策略，以满足消费者的需求并提升品牌力。此外，经济状况还会影响企业的投资决策和资金流动，进而影响品牌的市场推广和发展。

随着科技的不断进步，新的技术和创新不断涌现，对各个行业都产生了深远的影响。技术的快速发展改变了消费者的购买习惯和行为方式，例如电子商务的兴起使得在线购物变得更加普遍。品牌需要关注技术发展趋势，并积极采用新技术改进产品或服务，为消费者提供更好的体验。同时，技术发展也为品牌创新提供了新的机会，可以通过与科技公司合作或引入新技术实现品牌的差异化竞争。

除了行业竞争、经济状况和技术发展，市场环境还包括政府政策、社会文化等方面的影响。政府政策的变化可能会对行业进行调控，对品牌的市场准入和发展产生影响。社会文化因素（如消费者价值观的变化、新社会趋势的兴起等）也会对品牌的定位和市场策略产生重要影响。在复杂多变的市场环境中，品牌需要时刻关注并适应各种因素的变化。只有准确把握市场环境的特点和变化趋势，才能制定出符合实际情况的品牌发展战略，并在激烈的竞争中取得成功。

（四）消费者行为

消费者行为是指消费者在购买产品或服务时展现出的行为和决策过程。它包括购买行为、使用行为以及口碑传播行为等多个方面，会对品牌的知名度、声誉和品牌力产生重要影响。

购买行为是消费者行为中最直接和明显的一部分。消费者在购买产品或服务时，会受到多种因素的影响，包括个人需求、产品特性、价格、品牌形象、促销活动等。消费者会进行信息搜索、评估不同选项、

做出购买决策，并最终完成购买行为。品牌可以通过市场营销手段影响消费者的购买行为，如广告宣传、产品展示、促销活动等，以满足消费者需求并促使他们选择自己的品牌。

使用行为是消费者在购买产品或服务后的实际使用过程。消费者对产品的满意度和使用体验将直接影响其对品牌的评价和忠诚度。如果品牌能够提供良好的产品或服务，消费者就会感到满意，并更有可能成为品牌忠实的用户。反之，如果产品存在质量问题、使用不便或售后服务不佳，消费者会产生不满和抱怨，并转而选择其他品牌。因此，品牌需要关注产品质量控制、用户体验设计和售后服务，以确保消费者的使用行为得到积极的反馈和认可。

口碑传播行为是消费者通过口口相传、社交媒体分享等方式向他人推荐或评价产品或服务的行为。口碑传播在当前社交媒体普及的背景下变得更加重要和广泛。消费者往往更愿意相信他人的推荐和评价，而不只是依赖品牌的宣传。正面的口碑传播可以有效提升品牌知名度和信誉，吸引更多潜在消费者的关注和选择。品牌可以通过提供优质的产品和服务，激励消费者进行积极的口碑传播，同时积极回应和处理消费者的反馈和投诉，以维护良好的口碑和形象。

总之，消费者行为是品牌成功的重要驱动因素。品牌需要深入了解消费者的需求和决策过程，通过市场营销手段引导和满足消费者的需求，提供优质的产品和服务，同时积极管理口碑传播行为，以建立和巩固消费者的忠诚度和品牌力。

五、品牌力的提升策略

提升品牌力是品牌发展的关键目标之一。下面将详细论述四种主要的品牌力提升策略：提高品牌知名度、提升品牌形象、提高产品质量和优化品牌服务。

（一）提高品牌知名度

品牌知名度是指消费者对品牌的认知和熟悉程度。提高品牌知名度是增加品牌曝光度的重要手段。提高品牌知名度的方法有很多。其中，广告宣传是常用的手段，可以通过电视、广播、杂志、互联网等多种渠道传递品牌信息。此外，与有影响力的媒体、博主或明星合作，进行产品推广和品牌合作，也可以有效地提高品牌知名度。通过社交媒体的活跃参与和内容营销，亦可吸引更多目标受众的关注。在市场推广活动中，借助举办活动、赞助社区活动或行业展览等方式，能够让品牌方与消费者互动，提高品牌知名度。此外，建立良好的口碑、提供优质的产品和服务，以及与消费者保持良好的互动和沟通，也是提高品牌知名度的重要方法。

（二）提升品牌形象

品牌形象是消费者对品牌整体形象和印象的综合评价。品牌形象包括品牌的核心价值观、品牌个性、品牌故事等。要提升品牌形象，需要注意以下几个方面的工作。第一，品牌定位，明确定义品牌的核心价值观和目标受众，使品牌与消费者之间建立情感共鸣。第二，品牌故事的塑造，通过讲述品牌的起源、独特之处和与消费者的关系，创造出有吸引力的品牌形象。第三，产品设计，注重产品的外观、质量和功能，以满足消费者的期望，并展现品牌的专业和创新。第四，建立统一的品牌视觉识别系统，包括标志、颜色、字体等，以确保品牌在各个渠道和媒介中的一致性和识别度。第五，品牌语言，通过品牌的口吻、语气和用词，传达出品牌的个性和价值观。第六，与消费者进行良好的互动和沟通，回应他们的需求和反馈，建立积极的品牌关系，进一步提升品牌形象。

（三）提高产品质量

产品质量是品牌力的重要组成部分。消费者更倾向于购买质量可靠、性能卓越的产品。提高产品质量需要品牌在多个方面进行努力。首先，进行全面的质量管理和控制。品牌应建立严格的质量管理体系，包括设立质量标准、制定质量检测程序和流程，并定期进行质量评估和改进。其次，进行产品研发和创新，不断提升产品的技术含量和竞争力。

品牌应投入足够的资源和精力，进行产品的持续改进和创新，以满足消费者不断变化的需求。再次，品牌应加强与供应商的合作，建立稳定可靠的供应链关系。与供应商密切合作，确保原材料的质量可靠，并监控生产工艺的合规性和效果，以确保产品的质量稳定性。最后，品牌应建立完善的售后服务体系，及时处理消费者的投诉和问题，提供优质的售后支持，增强消费者对产品质量的信心。通过以上措施，品牌可以提高产品质量，赢得消费者的认可和信赖。

（四）优化品牌服务

品牌服务是消费者对品牌整体体验的评价。提供良好的售前、售中和售后服务，能够增强消费者对品牌的信任和满意度。优化品牌服务需要品牌在多个方面进行改进和提升。在售前阶段，品牌应提供清晰、准确的产品信息，帮助消费者做出明智的购买决策。通过网站、社交媒体等渠道提供详细的产品介绍、使用说明和常见问题解答，方便消费者获取所需信息。在售中阶段，品牌应提供及时的客户支持和服务。设立客服热线、在线聊天等沟通渠道，解答消费者的疑问和问题，处理投诉和退换货事宜。通过培训和提升客服团队的专业素养和服务意识，确保消费者在购买过程中得到良好的体验。在售后阶段，品牌应建立完善的售后服务体系。及时处理售后问题，提供维修、退款、换货等服务，以满足消费者的需求。同时，通过积极的回访和关怀，了解消费者的满意度和建议，改进品牌服务的不足之处。通过持续优化品牌服务，品牌能够提升消费者的满意度和忠诚度，增强品牌的竞争力和口碑。

提高品牌知名度、提升品牌形象、提高产品质量和优化品牌服务是提升品牌力的关键策略。通过有效的广告宣传、品牌形象塑造、产品质量管理和优质的品牌服务，品牌可以赢得消费者的认可和忠诚，从而提升在市场中的竞争力和价值。

第三节　乡村文旅品牌力研究

一、乡村文旅品牌的特性

（一）独特性

乡村文旅品牌的首要特性就是独特性。这主要源于乡村自身的独特地理位置、人文环境和历史背景。不同的乡村有不同的风俗习惯，各具特色的美食，以及独一无二的自然风光。例如，中国的西藏乡村可以令游客体验深厚的藏族文化，欣赏美丽的自然风光；法国的普罗旺斯乡村则可以令游客领略薰衣草花田和迷人的农舍。这些都是城市中无法复制的独特体验。

（二）多元性

乡村文旅品牌的多元性使每个乡村都散发出独特而无可替代的魅力。乡村地区蕴含丰富的文化元素，如历史遗迹、民俗活动、艺术表演等。这些元素不仅让乡村旅游成为观光的体验，更带来了深刻的文化感受。例如，游客可以探索古老的建筑遗址，参与当地独特的传统庆典，欣赏当地艺术家的精彩表演。乡村文旅品牌通过凸显这些多样化的元素，创造出独特的乡村体验，为每个乡村赋予了个性化的吸引力，吸引来自各地的游客。

（三）可持续性

乡村文旅品牌的可持续性是其重要的特性之一，对保护环境和传承文化起着至关重要的作用。乡村地区往往拥有独特的自然环境，因此乡村旅游更加注重生态环保。为了确保乡村的自然资源不受破坏，乡村文旅品牌需要采取措施保护和维持这些宝贵的自然景观。

可持续发展的关键是避免游客在旅游活动中对环境产生负面影响。

乡村文旅品牌可以通过引导游客进行绿色旅行以实现可持续发展的目标。这包括鼓励游客采取低碳出行方式，如步行、自行车或公共交通，减少碳排放。此外，推动游客采取环保行为，如减少能源消耗、合理使用水资源和垃圾分类等，这也是绿色旅行的重要举措。除了环境保护，乡村文旅品牌还应关注文化传统的保护和传承。乡村地区通常拥有丰富的历史和民俗文化，这些宝贵的传统应得到尊重和保护。通过组织当地文化活动、传统工艺体验和文化交流，乡村文旅品牌可以促进文化传统的传承，使游客有机会深入了解当地的文化魅力。

乡村文旅品牌的可持续性是为了实现长期发展。通过注重环境保护和文化传承，这些品牌可以吸引更多游客的关注和支持，从而为乡村地区带来经济发展和社会繁荣。同时，可持续发展也可使乡村的自然和文化资源得到保护，为后代留下丰富的遗产。

二、乡村文旅品牌的价值

（一）经济价值

乡村文旅品牌具有显著的经济价值。

乡村旅游的发展可以为当地经济带来持续增长。通过推广乡村文旅品牌，吸引游客前往乡村旅游的方式，可以有效增加乡村地区的游客消费。游客在乡村旅游中的花费，将直接促进当地农产品、手工艺品等的销售，推动相关旅游产品的开发与销售。这不仅为农民和当地企业提供了更多的经济机会，还为乡村地区带来了更多的财政收入，促进了乡村经济的发展。

乡村旅游创造了大量的就业机会。乡村文旅品牌的发展需要各种从事旅游服务的人员，如导游、餐饮服务人员、住宿服务人员以及交通运输工作人员等。这些就业机会不仅改善了乡村地区的就业状况，还提高了居民的收入水平，带动了乡村地区的消费和经济活力。此外，乡村旅游的兴起还会促进相关产业的发展，例如当地的农产品加工业、手工艺品制造业等，进一步增加就业机会和扩大经济增长。

乡村文旅品牌的经济价值不仅限于当地，也对整个地区和国家的经济发展具有积极影响。乡村旅游吸引了大量游客的到来，不仅增加了旅游业的收入，同时也拉动了相关产业链的发展，包括交通、餐饮、零售等。这为整个地区带来了经济效益，提高了地区的经济竞争力。

乡村文旅品牌的发展不仅能带动乡村经济的增长，还为乡村地区创造了大量的就业机会，提高了居民的收入水平。同时，乡村旅游的兴起也对整个地区和国家的经济发展产生积极影响。因此，乡村文旅品牌的经济价值不可忽视，是推动乡村地区可持续发展的重要因素之一。

（二）文化价值

乡村文旅品牌的文化价值切实体现在对乡村的文化遗产的保护和传承上。乡村旅游提供了一种重要的途径，让游客能够亲身体验乡村的文化。乡村地区通常拥有悠久的历史、丰富的传统和独特的风俗，这些文化元素构成了乡村的独特魅力。通过旅游活动，游客可以参观历史遗迹、体验传统庆典、学习当地手工艺品制造等，从而深入了解乡村的文化内涵。这种亲身体验能够增强游客对乡村文化的理解和尊重，同时能促进文化的传承。

乡村文旅品牌通过推广乡村文化，对乡村文化起到了保护和传承的作用。乡村地区的文化遗产包括建筑物、艺术形式、乡村生活方式等，这些都是宝贵的文化资源。乡村文旅品牌可以通过组织文化活动、传统工艺体验和文化交流等方式，将这些文化元素呈现给游客，进而促进文化的传承和发展。通过旅游的方式，游客对乡村的文化产生兴趣和关注，从而激发对乡村文化的保护和传承的意识。

乡村文旅品牌的文化价值不仅体现在当地乡村，也对整个社会产生积极影响。通过推广乡村文化，乡村文旅品牌有助于传播和推广地方文化，促进文化多样性的发展。乡村文化的保护和传承不仅是对乡村社区的责任，也是对整个国家和世界文化遗产的贡献。

乡村文旅品牌的文化价值体现在对乡村的文化遗产的保护和传承上。旅游活动为游客提供了亲身体验乡村文化的机会，促进了对文化的

理解和尊重。同时，乡村文旅品牌通过推广乡村文化，起到了文化传承和推广的作用，促进了文化多样性的发展。乡村文旅品牌的文化价值不仅限于当地，也对整个社会产生积极影响，促进地方文化的保护和丰富。

（三）社会价值

乡村旅游的发展为当地居民提供了就业机会，带来了经济收入，从而改善了他们的生活质量。乡村地区通常面临就业机会不足和经济发展相对滞后的问题。乡村文旅品牌的兴起为乡村地区带来了新的经济活力，创造了大量的就业机会。当地居民可以从旅游服务、农产品销售、手工艺品制作等方面受益，提高了他们的收入水平，改善了生活条件。乡村旅游可以提高乡村的知名度和形象。通过乡村文旅品牌的宣传和推广，乡村地区的美丽风景、丰富文化得以展示，吸引更多的游客和关注。这不仅为乡村带来了经济收益，还对乡村的社会形象产生了正面影响。乡村旅游的发展使得更多人了解并喜欢乡村，乡村地区的形象得到提升。这也有助于吸引更多的投资和资源流入乡村，推动乡村社会经济的发展。

乡村文旅品牌的社会价值不仅体现在经济层面，也涉及社会发展和文化交流。乡村旅游活动促进了城乡之间的交流与合作，增强了城乡间的相互了解和融合。同时，乡村旅游也为城市居民提供了一种远离喧嚣的休闲度假方式，有助于缓解城市生活的压力，促进身心健康。

乡村文旅品牌的社会价值体现在提升当地居民的生活质量和改善乡村形象等方面。乡村旅游的发展为当地居民提供了就业机会，改善了他们的生活条件。同时，通过推广乡村地区的美丽风景和丰富文化，乡村的知名度和形象得到提升，促进了社会经济的发展。乡村文旅品牌的发展还促进了城乡间的交流与合作，对社会发展和文化交流起到了积极的推动作用。

三、乡村文旅品牌的建设策略

乡村文旅品牌的建设策略包括重视品牌建设、优化服务质量和创新营销策略。通过打造独特的品牌形象和文化内涵，提供优质的服务体验，利用新媒体和互联网等渠道进行精准营销，可以更好地推广和发展乡村文旅品牌，吸引更多的游客参与乡村旅游。

（一）重视品牌建设

乡村文旅品牌的建设过程中，重视品牌建设是至关重要的。这涉及塑造乡村文旅品牌的独特形象和价值观，以吸引游客并与其建立情感联结。

品牌建设需要深入挖掘乡村的历史、传统和文化资源。了解乡村的独特性和特色，包括历史遗迹、民俗活动、艺术表演等，是打造品牌的基础。通过深入了解乡村的故事和传统，将其融入品牌建设中，可以创造出独特而有吸引力的品牌形象。通过体验的方式，游客能更好地理解和感受乡村文旅品牌。这可以通过组织丰富多样的文化活动和体验项目来实现。例如，举办乡村文化节、传统手工艺品制作工作坊、当地美食品尝等，让游客亲身参与，深刻体验乡村的文化魅力。这种体验化的方式可以加深游客对乡村文化的理解和认同，从而建立起与品牌的情感联结。

品牌建设还需要注重传播乡村文旅品牌的故事。通过讲述乡村的历史和传统，与游客分享乡村的独特魅力，可以引发游客的兴趣和好奇心。这可以通过各种媒介渠道（如官方网站、社交媒体、旅游指南等）实现。通过生动有趣的故事、图片和视频，向游客展示乡村的美丽风景、丰富文化和独特传统，吸引他们前来探索和体验。

重视品牌建设是乡村文旅品牌成功的关键。通过深入挖掘乡村的历史和文化资源，用体验的方式让游客更好地理解和感受品牌，以及通过传播乡村品牌的故事，打造出独特而有吸引力的乡村文旅品牌形象。这样的品牌建设不仅可以吸引游客，还能够与他们建立情感联结，从而实

现品牌的成功推广和长期发展。

（二）优化服务质量

优化服务质量是乡村文旅品牌建设中至关重要的一环。优质的服务体验不仅能够满足游客的需求，也是形成品牌声誉和口碑的关键。

乡村文旅品牌需要注重员工培训和素质提升。从业人员应接受专业的培训，了解乡村的文化特色和旅游服务技巧，以提供准确、全面的信息和专业的导游服务。员工还需要具备良好的沟通能力和热情的服务态度，以创造愉快的游客体验。乡村文旅品牌应考虑游客在旅游过程中的各个环节，包括交通、住宿、餐饮、导游解说等。与当地居民和企业建立合作伙伴关系，提供全面的服务保障，确保游客安全、舒适。同时，要定期评估和改进服务质量，根据游客反馈和需求进行调整和优化，以不断提升服务水平。

此外，注重细节和个性化服务也是优化服务质量的重要方面。了解游客的需求和偏好，提供个性化的服务，满足他们的特殊需求，从而增加他们的满意度和忠诚度。细致入微的服务细节，如欢迎礼物、定制化行程安排、特色美食推荐等，能够让游客感受到独特的关怀和体贴，从而留下深刻的印象。

通过优化服务质量，乡村文旅品牌可以实现口碑传播，形成良好的品牌声誉和信誉。游客在享受优质服务的同时，也会通过口口相传、在社交媒体上分享自己的体验，进一步扩大品牌的影响力。良好的口碑和品牌声誉将吸引更多的游客选择乡村文旅品牌，推动品牌的可持续发展。

优化服务质量是乡村文旅品牌建设中不可忽视的一环。通过员工培训和素质提升、建立健全的服务体系、注重细节和个性化服务，乡村文旅品牌可以提供优质的旅游体验，形成良好的口碑和品牌声誉，从而吸引更多游客的关注和选择。

（三）创新营销策略

乡村文旅品牌在建设过程中需要采用创新营销策略，以扩大品牌的影响力和知名度，吸引更多的游客参与乡村旅游。

利用新媒体和互联网等工具进行精准营销是乡村文旅品牌的重要营销策略之一。建立和维护品牌的官方网站、社交媒体账号等渠道，通过发布有关乡村文旅品牌的内容和资讯，吸引目标受众的关注。通过生动的图片、吸引人的视频和引人入胜的故事，展示乡村的美丽风景、丰富文化和独特特色，引发游客的兴趣和好奇心。

创新的营销活动可以为乡村文旅品牌带来更多曝光和关注。例如，组织乡村文化节、主题展览、传统庆典等活动，吸引游客和媒体参与和报道，提高乡村品牌的知名度。此外，与当地社区、旅行社、在线旅游平台等合作，开展联合营销活动，共同推广乡村文旅品牌，扩大品牌的影响力和市场份额。还可以利用口碑营销和用户生成内容增加品牌曝光度。鼓励游客分享自己的乡村旅游经历，通过社交媒体平台发布照片、留言和评论，形成用户生成内容。这种方式可以增加品牌的可信度和认可度，吸引更多游客关注和参与。定向营销和定制化服务也是创新营销策略的一部分。了解目标受众的需求和偏好，为不同的客群提供个性化的旅游产品和服务，满足他们的特定需求。通过精准的营销和针对性的推广，吸引目标受众的选择，提高品牌的市场占有率和竞争力。

创新营销策略对于乡村文旅品牌的发展至关重要。利用新媒体和互联网渠道进行精准营销，组织创新的营销活动，借助口碑营销和用户生成内容增加品牌曝光度，以及定向营销和定制化服务，能够有效提升乡村文旅品牌的知名度和影响力，吸引更多游客关注和参与，实现品牌的长期发展。

四、乡村文旅品牌的发展方向

（一）智慧化

乡村文旅品牌的发展方向之一是智慧化。随着科技的不断进步，乡村旅游业正朝着智能化和数字化方向发展，以提供更好的服务和体验。

首先，智慧化的导览和预订系统将成为乡村文旅品牌的重要组成部

分。通过手机应用程序，游客可以方便地获取乡村旅游信息，包括景点介绍、路线规划、交通指引等。游客可以通过手机预订门票、导游服务和住宿，实现一站式旅游体验。这样的智能化系统能够提高游客的便利性和满意度，同时能提升乡村旅游的运营效率。其次，人工智能技术在乡村文旅品牌中的应用将更加广泛。例如，语音助手和智能导游系统可以通过语音交互，提供实时解说和推荐，帮助游客更好地了解乡村的历史、文化和景点。人工智能还可以根据游客的偏好和行为，提供个性化的旅游建议和推荐，为游客量身定制旅游体验。再次，大数据分析也将在乡村文旅品牌中发挥重要作用。通过收集和分析游客的相关数据，包括旅游偏好、消费习惯等，品牌可以更好地了解游客的需求，提供更加精准的服务和产品。大数据分析还能够帮助品牌预测和规划旅游资源的利用，优化景点的布局和运营，提升整体的旅游体验和运营效果。最后，智慧化的推广和营销也是乡村文旅品牌发展的重要方向。通过互联网和社交媒体平台，品牌可以进行精准的定向营销，将乡村旅游的特色和优势传播给目标受众。利用虚拟现实、增强现实等技术，可以为游客提供身临其境的乡村体验，吸引更多游客关注和参与。

智慧化是乡村文旅品牌发展的重要方向。通过智能化的导览和预订系统、人工智能技术的应用、大数据分析以及智慧化的推广和营销，乡村文旅品牌可以提供更便捷、个性化和智能化的旅游体验，推动乡村旅游的可持续发展。

（二）可持续化

可持续化是乡村文旅品牌发展的重要方向之一。环境保护是可持续化发展的关键。乡村文旅品牌应该遵循绿色、低碳的原则，减少对环境的负面影响。这可以通过采用可再生能源、节能减排的措施减少环境污染，例如利用太阳能供电、推广能源高效利用的设备和技术。此外，对于自然景观和生态系统的保护也至关重要。保护自然环境、保护生态多样性，以及合理规划和管理游览路线和活动，都可以减少对自然资源的破坏和过度开发。乡村旅游还需要注重对乡村文化遗产的保护。乡村通常拥有丰富的历史、传统和民俗文化，这些文化遗产是乡村的独特魅力。在发展乡村旅游时，应注重保护和传承这些文化遗产，避免过度商业化和改造。通过开展文化活动、保护历史建筑和遗址、传承传统工艺等方式，游客能深入了解和尊重乡村的文化，实现文化的可持续发展。除了环境和文化保护，乡村文旅品牌也需要关注当地社区的关爱。乡村旅游的发展应该带动当地经济的繁荣，增加就业机会和收入来源，提升居民的生活质量。但同时也要确保这种发展是公平和包容的，所有居民都能够从中受益。这包括合理分配旅游收入，尊重和保护当地居民的权益，促进社区参与和共享发展的机会。通过建立良好的合作关系，与当地社区和居民共同制定发展规划和政策，乡村文旅品牌可以实现社会的可持续发展。

可持续化是乡村文旅品牌发展的重要方向。这包括环境保护、乡村文化遗产的保护和当地社区的关爱。通过遵循绿色、低碳的原则，保护自然环境和生态系统，传承和保护乡村的文化遗产，实现社会的公平。

（三）个性化

个性化是乡村文旅品牌发展的重要方向之一。

乡村文旅品牌应该深入挖掘每个乡村的独特文化和环境特点。每个乡村都有独特的历史、传统、民俗和自然风景，这些特点是乡村旅游品牌的核心竞争力。通过深入研究和了解乡村的特色，品牌可以打造独特的旅游产品和体验，使游客能够亲身体验乡村的文化、风土人情和生活方式。

个性化体现在满足游客的差异化需求上。乡村旅游品牌应该关注游客的兴趣、喜好和需求，提供个性化的服务和旅游体验。例如，一些游客可能对乡村的自然风光感兴趣，可以为其提供户外探险、徒步旅行等活动；而另一些游客可能对乡村的文化遗产感兴趣，可以为其提供文化探索、传统工艺制作等体验活动。通过了解并满足不同游客的需求，乡村旅游品牌可以提供更具个性化和差异化的旅游产品，提升游客的满意度和忠诚度。

个性化体现在与游客的互动和参与上。乡村旅游品牌可以与游客互动，让他们参与乡村的生活和活动。例如，组织乡村文化节、传统庆典和民俗活动，让游客可以亲身参与，与当地居民一起庆祝和体验。这种互动和参与可以增强游客对乡村文化的了解和认同，使他们对品牌产生更深的情感联结。

个性化体现在定制化服务上。乡村旅游品牌可以提供个性化的旅游服务，根据游客的需求和要求，量身定制行程和活动。通过与游客的沟通，了解他们的兴趣、时间、预算等，乡村旅游品牌可以为他们提供定制化的旅游方案，使其能够得到最满意的旅游体验。

通过深入挖掘乡村的独特文化和环境特点，满足游客的差异化需求，与游客的互动和参与，以及提供定制化服务，乡村文旅品牌可以打造独特的旅游体验，吸引更多游客关注和参与。

第三章 短视频赋能乡村文旅品牌力研究的理论基础

短视频赋能乡村文旅品牌力研究的理论基础主要包括新媒体理论、乡村旅游发展理论、品牌建设理论以及短视频在社交平台的传播理论。新媒体理论关注信息传播与社会互动的变革，为乡村文旅品牌提供了新的传播平台和方式。乡村旅游发展理论提出了关于乡村旅游发展的原则和指导，为乡村文旅品牌的定位和策略提供支持。品牌建设理论关注品牌的塑造和管理，为乡村文旅品牌的品牌形象和价值建设提供指导。短视频在社交平台的传播理论探讨了短视频在社交媒体上的传播机制和影响，为乡村文旅品牌在社交平台上的推广和传播提供理论依据。这些理论基础为研究短视频赋能乡村文旅品牌力提供了理论支撑和方法指导。

第一节 新媒体理论

一、新媒体的定义与特性

（一）新媒体的定义

新媒体，顾名思义，是一种相对于传统媒体而言的新型媒介形态，它以当代最前沿的科学技术为基础，在媒体领域中发挥应用。[①] 新媒体既可以被理解为在时间轴上相对较新的媒体形态，也可以被认为是与移动互联网、智能终端等现代科技发展紧密相连的媒体形式。

① 苏海海．互联网产品运营教程 [M]. 北京：中国铁道出版社，2018：173.

新媒体是一个包含广泛内容的概念[①]。它主要是指在数字技术和网络技术的支持下，通过互联网、宽带局域网、无线通信网络、卫星等各类传播渠道，利用计算机、手机、数字电视等各类终端设备，为用户提供各种信息和服务的新型传播方式。与报纸、杂志、户外广告、广播和电视等传统媒体形式相比，新媒体由于具有独特的属性和功能，被形象地称为“第五媒体”。

综上，新媒体的定义可以总结为：新媒体是一种以现代科技为基础，通过数字化和网络化的渠道和设备，提供信息和服务的新型传播形态，是相对于传统媒体而言的新的媒介形式。

（二）新媒体的特性

相较于传统媒体，新媒体具有鲜明的特性，主要表现为去中心化、高时效性、跨屏自适应性和个性定制化。

1. 去中心化

去中心化是指传统媒体的中心化特征被打破，而新媒体的出现使得任何人都能成为内容的生产者，从而实现了信息的广泛传播和多样化。传统媒体通常由一些机构或个人掌控，他们对内容的生产和传播有一定的控制和限制。然而，随着新媒体的兴起，这种局面发生了改变。

新媒体的去中心化特性使得信息的传播更为广泛和多样。任何人都可以通过社交媒体、博客、视频平台等渠道成为内容的生产者，不再局限于传统媒体机构的编辑和记者。这样一来，各种不同的观点、意见和信息得以广泛传播，人们可以从多个角度了解事实和事件，获得更为全面的信息。

同时，新媒体的去中心化也带来了信息的即时性和公正性。由于信息的传播速度加快，新闻事件可以更快地被报道和分享，人们可以在第一时间获取到最新的资讯。此外，新媒体的去中心化也减少了传统媒体对信息的过滤和编辑，使得信息更加公正和真实。人们可以直接获得各

① 赵媛．视觉传达设计与信息化趋向研究 [M]. 长春：吉林大学出版社，2022：132.

种观点和信息源，从而更好地形成自己的判断和观点。

2. 高时效性

高时效性是新媒体的一个重要特点，它源于互联网的影响和新媒体平台的技术优势。在传统媒体时代，新闻需要经过采编、编辑、排版等环节才能发布，这个过程相对较为耗时。然而，新媒体的出现改变了这种情况，信息的传播速度大大加快。

互联网的普及使得人们能够随时随地接入网络。无论是通过电脑、手机还是其他智能设备，人们可以随时在线获取信息。这为新媒体提供了一个实时传播的平台。新媒体平台的技术支持使得信息的传播变得即时化。社交媒体、即时通信工具、新闻应用等新媒体工具的出现，使得人们可以立即发布、分享和传播信息。人们可以通过微博等社交媒体平台，迅速发布动态、新闻报道或评论，将信息推送给粉丝、关注者和朋友圈，实现实时传播。

此外，新媒体平台也促进了用户生成内容（UGC）的传播。个人可以通过博客、抖音等平台分享自己的见解、经验和创作，这些内容可以在短时间内迅速传播，被更多人关注和分享。UGC 的时效性也非常高，个人可以即时记录和发布自己的生活动态，使得个人的动态和新闻事件能够在第一时间被知晓。

高时效性使得新媒体在信息传播上具有无可比拟的优势。无论是国际新闻、本地新闻还是个人动态，只要有人在新媒体平台上发布，即可在短时间内传播到全球范围内。这为人们提供了实时了解和参与各种事件的机会，也促进了信息的迅速流通和共享。

3. 跨屏自适应性

跨屏自适应性是指新媒体能够根据用户使用的设备自动适配和调整内容的展示方式，以提供良好的浏览体验。在数字化和互联网的背景下，用户的设备类型变得多样化，包括电脑、手机、平板电脑、电视等各种屏幕尺寸和分辨率不同的设备。新媒体平台具备跨屏自适应性，可以根据不同的设备特性进行优化，确保内容能在各种屏幕上以最佳方式呈现。

首先，新媒体平台具备响应式设计。这种设计方法会根据用户的屏幕尺寸和分辨率动态调整布局和元素排列，以适应不同屏幕的显示空间。无论是在大屏幕的电视上观看，还是在小屏幕的手机上浏览，内容的版面和元素都会自动适应屏幕大小，确保用户能够轻松阅读和浏览。

其次，新媒体平台会优化图片和多媒体素材的显示方式。不同设备的屏幕分辨率和色彩表现能力各异，为了保证内容的清晰度和视觉效果，新媒体会根据设备的特性对图片进行压缩、优化和适配。此外，对于包含视频、音频等多媒体元素的内容，新媒体平台也会根据设备支持的格式和解码能力进行自动转换和播放，以保证用户拥有良好体验。

最后，新媒体平台还注重交互性和操作体验的优化。不同设备的操作方式和用户交互方式各不相同，新媒体会根据设备类型和操作习惯进行界面和交互设计的优化。例如，在触屏设备上，会提供更加直观和易用的触摸操作；在电视上，会支持遥控器导航和方便的远程操作。通过这样的优化，新媒体可以确保用户在不同设备上都能够方便地浏览、交互和操作内容。

跨屏自适应性的重要性在于为用户提供一致和无缝的体验，无论用户使用何种设备访问新媒体平台，都能够享受到内容的优质展示和良好的用户界面。这样的自适应性设计不仅提升了用户体验，也增加了内容的可访问性和可用性，能吸引更多的用户参与和互动。同时，跨屏自适应性也为内容提供者和广告商提供了更多的机会，使其能够更广泛地触达用户，提升品牌形象和推广效果。

4. 个性定制化

个性定制化是新媒体的一项重要功能，通过收集和分析用户的数据，新媒体平台可以提供针对个体用户的个性化服务和内容推荐。这种个性化定制服务，既可以提升用户的体验和满意度，也有利于媒体实现精准营销和增加广告效果。

个性定制化可以根据用户的阅读偏好和兴趣推送相关内容。新媒体平台可以通过分析用户的浏览历史、点赞、评论等行为数据，了解用户的兴趣和偏好，从而根据用户的需求为其推荐相关的内容。例如，当用户访问新闻网站或社交媒体平台时，系统可以根据用户的阅读历史和兴趣领域，向其推送与其关注的话题或领域相关的新闻和文章，以提供更加个性化的阅读体验。

个性定制化可以提供个性化的广告投放。新媒体平台通过对用户数据的分析，可以了解用户的消费偏好、兴趣爱好和行为习惯等信息，从而为广告方提供更准确的广告投放。根据用户的个人特征和兴趣定向投放广告，使得广告更具相关性和吸引力，提高广告的点击率和转化率。个性化广告投放不仅能够提高广告方的精准营销效果，也能够减少用户接触无关或冗余广告的困扰，提升用户体验。

个性定制化的优势在于能够满足用户的个体需求和偏好，为其提供更加个性化和有针对性的服务。用户可以获得更感兴趣和相关的内容，节省浏览时间，提高阅读体验。同时，媒体和广告方也能够更准确地了解用户的需求，针对用户提供更具吸引力和更有效的内容和广告，提升用户参与度和回报率。

二、新媒体的发展历程

根据新媒体受众群体的变化，可以将新媒体发展历程大致划分为精英媒体阶段、大众媒体阶段和个人媒体阶段。①

（一）精英媒体阶段

在新媒体的早期阶段，受众主要集中在科技领域的专业人士和经济实力较强的人群。这是因为早期的新媒体设备价格昂贵，技术使用门槛较高，限制了它的普及和使用。在这个阶段，新媒体的信息主要围绕专业科技领域展开，包括科学研究、技术创新、电子产品等方面的信息，内容相对专业化且深入。受众的特点是数量较少，但具备较高的专业知识和技术素养，对于科技信息有较高的兴趣和需求。这个阶段为新媒体的发展奠定了基础，并逐渐引领了更广泛的受众群体的涌入。

① 刘娜．新媒体营销 [M]. 西安：西安电子科技大学出版社，2021：17.

（二）大众媒体阶段

随着技术的进步和设备价格的下降，新媒体逐渐普及并进入大众媒体阶段。互联网和移动设备的普及使得新媒体的用户群体大幅扩大，越来越多的人可以通过各种平台获取和分享信息。在这一阶段，新媒体的角色转变为大众媒体，内容传播范围广泛涵盖大众的各个领域。

在大众媒体阶段，新媒体不再局限于专业领域，而是涉及生活、娱乐、新闻、文化、教育、社交等多个方面。用户可以通过社交媒体、新闻应用、视频平台等渠道获取和参与各种内容。新媒体为大众提供了即时的新闻报道、丰富的娱乐内容、多样化的文化体验以及交流互动的平台。人们可以随时随地通过手机、平板电脑等设备浏览和参与新媒体的内容，获得个性化的用户体验。

大众媒体阶段的新媒体呈现出信息丰富、多元化的特点。用户可以选择自己感兴趣的内容，通过个性化的推荐系统获取相关信息。同时，用户也可以参与内容的创作和分享，成为新媒体的内容生产者和传播者。这种互动和参与的模式促进了用户之间的交流和社交，形成了更加开放和多元的信息生态系统。

（三）个人媒体阶段

进入 Web 2.0 时代，社交媒体和用户生成内容的兴起，将新媒体推进了个人媒体阶段。在这个阶段，每个用户都有机会成为信息的生产者和发布者，新媒体的角色转变为平台提供者和内容整合者。这种个人媒体的兴起使得信息的传播更加去中心化，受众不再只是信息的被动接收者，而是信息的创造者和传播者。

个人媒体阶段的兴起得益于社交媒体平台的发展，这些平台提供了用户创建个人账户、分享动态、发布文章、上传照片和视频等功能，让个人成为自己的媒体中心。用户可以通过这些平台分享自己的见解、经验、创意和生活动态，与其他用户互动和交流。

此外，个人媒体阶段也受益于用户生成内容的兴起。博客、抖音等平台让个人能够创建和分享自己的内容，如文章、视频、音乐、照片等。

这些内容可以迅速传播，并在社交媒体平台上得到更广泛的传播和关注。

个人媒体阶段的兴起带来了多样化和个性化的内容。用户可以根据自己的兴趣、技能和经验创作和分享内容，从而形成了丰富的内容生态系统。同时，这也提供了更多的信息选择和参与机会，人们可以获得更多立场多元、观点广泛的信息，形成更加多元化和开放的对话和交流。

三、新媒体与社会互动

新媒体在现代社会中已经占据了重要地位，其影响力已经深深地渗透到人们生活的各个角落，它不仅仅改变了人们获取信息的方式，也重新定义了与社会的互动方式。

新媒体极大地增强了公众参与度。不同于传统媒体的单向信息传递，新媒体的互动性赋予了公众更多的发言权。人们可以在社交媒体上发表自己的观点，参与对新闻事件的评论和讨论，甚至可以通过分享自己的经历和见解参与新闻的制作。在新媒体平台上，每一个人都可能成为信息的生产者和发布者，这无疑大大增强了公众的参与度和公众话语权的实现。此外，新媒体的互动性也让人们在获取信息的同时，有机会参与和影响信息的产生和传播，使得信息传播过程更具有公众参与性和互动性。

新媒体还在政策决策中发挥了重要作用。在新媒体平台上，人们可以公开地表达对政策的赞扬、批评和建议。这种公开透明的沟通方式，使政策制定者能够及时了解和回应公众的意愿和诉求。此外，新媒体也提供了一个平台，让公众有机会参与政策决策的过程。例如，政府和决策者可以通过在线调查和公开征集意见的方式，收集公众的意见和建议，从而更好地进行政策决策。

新媒体的发展也加速了社区的形成和强化。在互联网的虚拟世界中，不受地理位置限制的社区开始出现，人们可以基于共同的兴趣、价值观或者经历，建立起跨越地理空间的社区。这种社区的形成和强化，不仅增强了人们的归属感和社会联系，也为社会的多样性和包容性提供了新的可能。

新媒体也对社会动态的传播起到了重要的推动作用。无论是国际新闻，还是本地新闻，甚至是个人的生活动态，都可以在新媒体上迅速传播。人们可以通过社交媒体获取实时的新闻和动态，也可以通过分享自己的动态，参与信息的传播。新媒体的这种高速传播特性，不仅让人们能够更快速地了解世界，也让每个人的声音都有机会被听到。

新媒体在教育和知识传播方面也发挥了巨大的作用。通过在线教育平台和各种教育应用程序，人们可以随时随地学习新的知识和技能。这种自我驱动的学习方式，让学习变得更加方便和个性化。同时，新媒体的普及也使得知识的传播不再受地域和时间的限制，人们可以通过互联网与世界各地的教育资源进行连接，享受到更加丰富和多样的学习资源。

新媒体的发展也推动了经济的发展。随着电子商务、网络广告和数据服务等新兴产业的快速发展，新媒体已经成了经济增长的新引擎。企业和商家可以通过新媒体平台，进行更有效的市场营销和品牌推广，也为消费者提供了更加方便和个性化的购物体验。同时，新媒体的发展也带动了大数据、人工智能等新技术的应用和发展，为经济的数字化转型提供了强大的支持。

新媒体在公众参与、政策决策、社区建设、社会动态传播、教育和知识传播以及经济发展等方面，都与社会产生了深度的互动。这种互动不仅反映了新媒体的强大影响力，也体现了新媒体的变革性和进步性。在新媒体的推动下，社会正在不断前进和发展，新媒体将引领人们走向更加开放、包容和进步的未来。

第二节　乡村旅游发展理论

一、乡村旅游的起源

乡村旅游的起源可以追溯到“工业革命”之后的欧洲，工业革命加速了当时的城市工业化进程，随之产生的环境污染和生活压力让人们开始渴望返璞归真，寻找未被工业化破坏的自然环境和简单生活[①]。因此，前往乡村，享受其宁静和原始的环境，就成了一种休闲方式。然而，这种形式的旅游活动在20世纪后期才得到广泛的认可和发展，特别是在欧洲和北美等发达地区，乡村旅游已经成了旅游业的一个重要组成部分。

而现代意义上的乡村旅游，则有研究者认为源于19世纪中期的法国，此后，乡村旅游发展出了一种全新模式——现代乡村旅游，即“以农业文化景观、农业生态环境、农业生产活动以及传统的民族习俗为资源，融观察、考察、学习、参与、娱乐、购物、度假于一体的旅游活动”[②]，现代乡村旅游可以看作一种人类回归自然的方式，也是人类回归绿色、回归生态的旅游模式。

二、乡村旅游的发展模式

乡村旅游的发展模式主要包括自然生态型、农事体验型、历史文化型和乡村度假型等。每种模式强调不同的旅游内容和体验，以满足游客的需求和兴趣。

（一）自然生态型

自然生态型乡村旅游模式注重展示和保护乡村地区的自然景观和生态环境。这种模式提供了丰富的自然资源和景点，如山川、湖泊、森林、草原等，游客可以欣赏自然美景，还可以进行户外探险、生态保护和环境教育等活动。这种模式的乡村旅游适合喜欢大自然和户外活动的游客。

（二）农事体验型

农事体验型乡村旅游模式让游客有机会参与农村生活和农事活动。游客可以亲身参与农业生产和农村生活的各个环节，如种植、采摘、农

① 陶力，布乃鹏．超大城市周边乡村旅游：实践与案例 [M]. 上海：上海交通大学出版社，2021:12.

② 王兵．从中外乡村旅游的现状对比看我国乡村旅游的未来 [J]. 旅游学刊，1999（2）：38−42.

耕、养殖等，体验农民的工作和生活方式。这种模式强调互动和参与，使游客更加亲近自然和农村文化，增进对农业的了解和尊重。

（三）历史文化型

历史文化型乡村旅游模式通过展示乡村地区的历史文化遗产和传统文化吸引游客。乡村地区常常有悠久的历史和独特的传统文化，如古建筑、民俗风情、传统工艺等，游客可以参观古村落、博物馆、艺术展览等，了解当地的历史和文化背景。这种模式的乡村旅游适合对历史文化有兴趣的游客，他们可以深入了解当地的传统和民俗。

（四）乡村度假型

乡村度假型乡村旅游模式主要提供高品质的休闲度假服务，满足游客寻求放松和休闲的需求。乡村地区提供舒适的住宿、美食、SPA、农家乐等设施和服务，游客可以在乡村中享受宁静的环境、放松的氛围和健康的生活方式。这种模式适合追求放松和健康生活的游客，他们可以在乡村中度过悠闲的假期。

以上这些发展模式并不是相互独立的，通常会有多种模式的综合应用。例如，一个乡村旅游目的地可以结合自然生态和农事体验，让游客既能欣赏美丽的自然风光，又能亲身参与农业生产活动。发展乡村旅游需要根据地区的特色和资源，结合游客需求进行定位和开发，为游客提供丰富多样的旅游体验。

三、乡村旅游的利益相关者

乡村旅游的利益相关者包括以下几个主要方面。

（一）乡村社区

乡村社区是乡村旅游的重要组成部分和直接受益者。通过发展乡村旅游，乡村社区可以获得丰富的经济收益，这对于改善社区居民的生活条件具有积极意义。乡村旅游活动为当地居民创造了就业机会，包括导游、农家乐经营、手工艺品制作等，使居民能够通过旅游业获得稳定的收入来源。

乡村旅游不仅仅是经济收益的来源，它还对乡村社区的文化和传统具有积极的影响。乡村旅游活动常常涉及当地的文化和传统，例如民俗表演、手工艺制作、传统节日等，这有助于保护和传承当地的文化遗产。通过与游客的互动，社区居民更加重视和珍惜自己的文化，提升了对本地传统的认知和自尊心，激发了社区的自豪感。

除了经济和文化方面的利益，乡村旅游还可以推动社区基础设施和公共服务的发展。为了满足游客的需求，乡村社区需要提供良好的住宿、餐饮、交通等基础设施，这为社区的发展带来了投资和改善的机会。同时，社区也能从中受益，提高居民的生活质量和便利度。

（二）游客

游客是乡村旅游的主要参与者和消费者。乡村旅游为游客提供了远离城市喧嚣、亲近自然和乡村生活的机会。在乡村环境中，游客可以享受清新的空气、美丽的风景和宁静的氛围，得到身心的放松和舒缓。

乡村旅游也为游客提供了丰富的娱乐和文化体验。游客可以参与农事体验，如种植、采摘、养殖等，亲身感受农村生活的乐趣和农业生产的辛勤。这种互动体验不仅使游客了解农业的过程和价值，还增强了他们对农村文化和传统的认知和尊重。

乡村旅游也为游客提供了了解当地文化和传统的机会。游客可以参观古村落、历史遗迹、博物馆等，感受乡村的历史和文化底蕴。此外，游客还可以品尝当地的农产品和特色美食，体验地道的乡村美食文化。

通过乡村旅游，游客还能够拓宽视野，增长知识。他们可以了解乡村社区的发展和变迁，了解农业和乡村经济的现状和挑战。与乡村居民的互动和交流，可以让游客了解当地的生活方式、价值观和社会关系，促进跨文化的交流和理解。

（三）旅游企业

旅游企业通过提供住宿、餐饮、导游、交通等服务，满足游客的需求，为游客提供舒适和便利的旅游体验。他们在乡村地区建设和经营酒

店、农家乐、度假村等，为游客提供安全、舒适的住宿环境。同时，旅游企业还提供特色餐饮和当地特色产品，让游客品尝当地的美食。导游和旅行社则提供导游服务、行程规划和旅游咨询，帮助游客更好地了解和体验乡村旅游的魅力。

旅游企业的发展为当地经济带来了商机和就业机会。他们的投资和运营为乡村地区带来了资金流入和经济增长。旅游企业的发展创造了更多的就业机会，为当地居民提供了工作岗位，提升了居民的收入水平和生活质量。此外，旅游企业也推动了当地农产品和手工艺品的销售和发展，促进了农村经济的多元化和增长。

除了经济利益，旅游企业还承担着促进地方文化传承和保护环境的责任。他们可以通过组织当地文化展示、农事体验、传统工艺制作等活动，帮助游客了解和体验乡村的文化和传统。旅游企业还应积极参与可持续发展和社会责任的实践，采取环境友好的经营方式，保护自然环境和文化遗产，推动乡村旅游的可持续发展。

（四）政府

政府在乡村旅游中扮演着重要角色。政府制定相关政策和规划，提供支持和指导，推动乡村旅游的发展。政府通过投资基础设施建设、培训人才、宣传推广等方式支持乡村旅游的发展。同时，政府也要负责监督和管理，保护自然环境、文化遗产和游客权益，确保乡村旅游的可持续发展。

乡村旅游的利益相关者之间存在互动和相互依赖的关系。乡村社区通过旅游活动获得经济收益，游客通过旅游活动获得休闲和娱乐；旅游企业通过提供服务获取利润，政府通过发展旅游业推动地区经济发展和文化保护。因此，为了实现乡村旅游的可持续发展，各方利益相关者需要积极合作，确保利益的平衡和共赢。

四、乡村旅游的社会影响

乡村旅游以其特有的魅力，引领人们走出喧嚣的城市，追寻宁静祥和的乡村生活。在这个过程中，它无疑对社会产生了深远的影响。

乡村旅游在促进乡村经济发展方面发挥了重要作用。随着乡村旅游的发展，一些乡村地区的经济活动被有效激活。旅游业的发展带动了当地的农产品、手工艺品等相关产业的发展，为乡村社区创造了新的就业机会，也为当地居民带来了新的收入来源。这些收入不仅提高了乡村居民的生活水平，也为乡村的基础设施建设提供了资金，从而进一步提升了乡村社区的经济发展水平。

乡村旅游改善了乡村的生活环境。随着旅游业的发展，乡村社区的环境卫生、交通设施、公共设施等方面都得到了相应的改善。这些改善不仅提升了乡村居民的生活质量，也为乡村旅游的可持续发展创造了良好的环境。而对于游客而言，美丽的乡村环境和舒适的旅游体验，也使他们更愿意将乡村旅游作为一种重要的休闲方式。

乡村旅游的发展为城市居民提供了丰富的休闲选择。在现代社会，人们的生活节奏越来越快，压力越来越大。这种情况下，乡村旅游以其宁静的环境和悠闲的生活节奏，吸引了越来越多的城市居民。他们在乡村旅游中不仅可以体验到不同于城市的生活方式，也可以享受到与自然亲近的乐趣，从而有效地释放压力，提升生活质量。

乡村旅游的发展对乡村文化的保护也产生了积极影响。在许多乡村旅游地，人们把当地的历史、文化和传统生活方式作为旅游资源进行开发和展示。这不仅使游客有机会了解和欣赏乡村文化，也为乡村文化的发展提供了支持和帮助。

第三节　品牌建设理论

一、品牌的定义和价值

（一）品牌的定义

关于品牌，目前并没有一个统一的定义。人们最常使用的是品牌的

狭义观点，即品牌标识论，认为品牌是一个名称、标识或商标，应用在产品、组织、区域或个人方面[1]。品牌是指企业或产品具有的独特认知和价值体现。它不仅仅是一个标识或商标，更是企业或产品的身份和形象的集合。品牌代表了企业或产品的独特性、信誉和承诺，是企业或产品在市场上的差异化竞争力的体现。

在乡村文旅领域，品牌是指乡村旅游企业或产品具有的独特认知和价值体现。乡村文旅品牌不仅仅是一个标识或商标，还代表了乡村旅游的独特魅力、文化底蕴和服务品质。

（二）品牌的价值

品牌的价值在乡村文旅领域尤为重要。乡村旅游是一个充满文化、自然和人文特色的领域，而品牌可以凸显乡村旅游的独特魅力和文化底蕴。通过品牌塑造，乡村旅游企业或产品可以建立起自身独有的形象和声誉，与其他竞争对手相区分。其价值具体体现在以下几方面。

1. 增强认知和信任

乡村旅游品牌的建设可以提高品牌的知名度和认知度。一个具有独特品牌形象和价值的乡村旅游企业或产品更容易被消费者认知和记忆。同时，一个良好的品牌形象也能够使消费者对企业或产品建立信任和好感，增强其选择乡村旅游的意愿。

2. 竞争优势和差异化

在激烈的乡村旅游市场中，品牌的定义和建设可以帮助企业或产品树立竞争优势和差异化。通过塑造独特的品牌形象和价值，乡村旅游企业或产品能够在市场上脱颖而出，吸引更多的目标消费者。消费者会更倾向于选择那些具有独特魅力和独特体验的乡村旅游品牌。

3. 提高消费者的忠诚度

一个强大的乡村旅游品牌可以提高消费者的忠诚度和重复消费率。通过不断传递品牌的核心价值和承诺，企业或产品可以建立与消费者之

① 路月玲．数字时代的品牌传播：战略与策略 [M]. 广州：中山大学出版社，2020:3.

间的情感联结，促使消费者对品牌产生情感认同，从而提高忠诚度。消费者更愿意选择并推荐那些他们认可和信任的品牌。

4. 价值传递和体验创造

品牌的定义和建设可以帮助乡村旅游企业或产品传递其独特的价值观和体验。通过品牌的表达和传播，企业或产品能够向消费者传递其独特的文化、自然和人文价值，创造与众不同的旅游体验。消费者在选择乡村旅游时，往往会考虑品牌承诺的价值和体验。

总之，品牌的定义和价值在乡村旅游中起着重要的作用。它不仅能够增强消费者对企业或产品的认知和信任，还能够帮助企业或产品建立竞争优势和差异化，提高消费者的忠诚度，并传递独特的价值观和旅游体验。通过有效的品牌建设，乡村旅游可以获得更大的市场份额和竞争力，推动乡村旅游可持续发展。

二、品牌的类型和等级

在乡村文旅领域，品牌的类型和等级对于乡村旅游的发展和推广至关重要。

（一）乡村品牌的类型

1. 乡村旅游目的地品牌

乡村旅游目的地品牌是指整个乡村地区或特定乡村景点的品牌形象和价值观念。它代表了乡村旅游目的地的独特魅力、文化底蕴和旅游资源。乡村旅游目的地品牌的建设需要强调乡村的特色和独特卖点，如独具特色的自然景观、悠久的历史文化、传统手工艺等。通过塑造乡村旅游目的地的品牌形象，吸引游客的关注和兴趣，提高乡村旅游的知名度和吸引力。

例如张家界：张家界位于中国湖南省，以壮丽的自然风景而闻名，尤其是张家界国家森林公园内的石柱群景观。张家界成功打造了乡村旅游目的地品牌，通过突出其独特的自然景观和文化遗产，吸引了大量的国内外游客。张家界的品牌形象以“天下第一奇观”为核心，通过宣传

片、短视频和社交媒体等媒介广泛传播，提升了其知名度和吸引力。

2. 乡村旅游产品品牌

乡村旅游产品品牌是指具体的乡村旅游产品或服务的品牌，如农家乐、民宿、乡村餐饮等。这些品牌代表了乡村旅游产品的独特性、服务质量和消费体验。在乡村旅游产品品牌建设中，关键是强调产品的特色和个性化。通过提供独特的住宿、餐饮、娱乐等服务，结合当地文化和自然环境，为游客创造独特的旅游体验，从而塑造品牌形象和口碑。

例如松花江畔民宿：松花江是中国黑龙江省的一条著名河流，沿岸有许多美丽的乡村景观。松花江畔民宿成功打造了其乡村旅游产品品牌。这个品牌以提供独特的乡村住宿体验为特色，结合当地自然风光和文化传统，为游客提供舒适、温馨的住宿环境。民宿主人以热情好客和个性化服务著称，为游客提供丰富的活动和体验，如钓鱼、乡村美食体验、篝火晚会等。松花江畔民宿的品牌形象注重自然、休闲和亲近大自然的理念，通过线上宣传、口碑传播和合作伙伴推广，吸引了众多游客的关注和选择。

（二）品牌的等级

品牌的等级可以根据市场影响力、知名度和影响力等指标进行划分。在乡村文旅领域，存在不同等级的品牌。

国家级乡村旅游目的地品牌：经国家级认可和推广的乡村旅游目的地品牌，代表具有重要文化、历史和自然价值的乡村地区。这些目的地品牌在国内外享有较高的知名度和影响力。

地方级乡村旅游目的地品牌：指具有地方特色和影响力的乡村旅游目的地品牌，代表地方政府对乡村旅游的重视和推广。这些品牌在地方范围内具有较高的知名度和影响力。

乡村旅游产品品牌：指在乡村旅游产品领域中具有一定知名度和影响力的旅游目的地品牌。这些品牌在特定的乡村旅游产品领域中具有竞争优势，能够吸引更多的游客。

品牌的类型和等级在乡村文旅中起着重要的作用，它们能够帮助乡村旅游目的地和产品在市场中树立独特的形象，增加竞争力，吸引更多的游客和投资，推动乡村旅游的发展。同时，品牌的建设和管理需要注重市场需求和消费者反馈，不断调整和优化品牌策略，提升品牌竞争力和持续发展能力。

三、品牌的建设过程

在乡村文旅领域，品牌的建设过程包括品牌定位、品牌传播、品牌形象建设和品牌管理等环节。

（一）品牌定位

品牌定位是指希望消费者感受、思考和感觉不同于竞争者的品牌的方式[①]。品牌定位是确定乡村旅游品牌的目标市场和差异化竞争策略的过程。在品牌定位阶段，需要深入了解乡村旅游的特点、文化底蕴和目标受众的需求。通过市场研究和分析，确定品牌的独特定位和市场定位，以区别于竞争对手。品牌定位应考虑乡村旅游的自然环境、文化遗产、特色活动等方面的特点，以及目标受众的偏好和需求，从而找到品牌的核心竞争力和差异化优势。

（二）品牌传播

品牌传播是通过各种渠道和媒介向目标受众传递品牌信息的过程。在乡村文旅中，品牌传播可以通过广告、宣传活动、社交媒体、旅游展览等多种方式扩大品牌的知名度和影响力。有效的品牌传播应考虑目标受众的媒体偏好和行为习惯，选择合适的传播渠道和媒介，以传达品牌的核心价值和独特魅力。此外，与公众和媒体建立良好的关系，通过与意见领袖、旅行博主等合作，增强品牌的曝光度和口碑。

① 袁胜军．创建强势品牌：品牌创新与管理（理论与实务篇）[M]．北京：企业管理出版社，2021：115.

（三）品牌形象建设

品牌形象建设是通过产品设计、服务质量和消费者体验等方面打造品牌形象的过程，是企业参与市场竞争的最犀利的武器[①]。在乡村文旅中，品牌形象建设需要注重塑造乡村的特色魅力和文化底蕴。这可以通过提供独特的旅游体验、传承当地的文化遗产、关注生态环境保护等方式实现。关键是要提供高质量的产品和服务，让游客感受到独特的乡村魅力和个性化的体验，从而形成良好的口碑。

（四）品牌管理

品牌管理是通过市场监测、品牌维护和危机应对等手段管理乡村文旅品牌的过程。品牌管理需要密切关注市场变化和消费者反馈，及时调整品牌策略，保持品牌形象的一致性和稳定性。通过市场调研、消费者调查等方式，了解目标受众的需求和偏好，从而不断优化和改进品牌的产品、服务和营销策略。品牌管理还需要建立有效的沟通渠道，处理消费者投诉和意见，及时应对危机事件，保护品牌声誉和形象的完整性。

四、品牌的管理策略

品牌的管理策略在乡村文旅领域中至关重要，它涵盖了一系列的管理措施和策略，以确保品牌的稳定发展和市场竞争力。

（一）品牌定位策略

品牌定位策略是乡村旅游品牌在目标市场中确定独特位置和差异化竞争策略的过程。它需要深入了解目标市场和消费者的需求、偏好和价值观，通过市场研究和分析找到品牌的特色和优势。通过强调品牌的独特性和差异化优势，与竞争对手形成差异化竞争，从而吸引并留住目标消费者。品牌定位策略是为了塑造品牌形象、提升认知度和增加市场份额而制定的关键战略。

① 傅建华. 上海银行发展之路 [M]. 北京：中国金融出版社，2005：38.

（二）品牌推广策略

品牌推广策略是通过市场营销和传播活动提高品牌的知名度和影响力。在乡村文旅中，品牌推广策略包括以下几个方面。

1. 广告宣传

广告宣传是一种常见的品牌推广手段，通过在电视、广播、报纸、杂志等媒体上投放品牌广告提高品牌的曝光度和知名度。通过各种媒体的广告渠道，品牌可以有效地传达其独特的价值主张、产品特点和优势，吸引潜在消费者的注意力。广告宣传可以利用图片、声音和文字等多种元素，创作吸引人的广告创意，以激发消费者的兴趣并引发其购买欲望。通过持续的广告宣传活动，品牌可以建立起强大的品牌形象和认知度，从而在市场中脱颖而出并吸引更多的消费者。

2. 数字营销

数字营销是利用互联网和社交媒体平台进行在线推广的营销方式。它包括多种策略和手段，如搜索引擎优化（SEO）、社交媒体广告、内容营销等。通过搜索引擎优化，品牌可以提高在搜索引擎结果中的排名，增加网站流量和曝光度。社交媒体广告则能够针对特定受众展示广告内容，增加品牌的曝光度和关注度。内容营销通过创作有价值的内容，吸引目标受众并建立品牌专家形象。数字营销具有精准定位、互动性强、成本相对低廉等优势，能够有效地与消费者进行互动和沟通，并实时监测和评估营销效果，为品牌带来更多的潜在客户和销售机会。

3. 口碑营销

口碑营销是一种利用顾客口碑传播的营销策略。它通过提供优质的产品和服务，提高游客的满意度和忠诚度，进而引导他们分享积极正面的品牌体验。口碑营销依赖口口相传的力量，通过满意的顾客口碑传播，品牌可以有效地扩大影响力和知名度。顾客的推荐和分享在社交媒体、旅游网站、口碑平台等渠道中起重要作用，能够影响其他消费者的购买决策。因此，通过提供卓越的产品质量、个性化的服务、良好的客户体验等，品牌可以积极培养口碑效应，从而吸引更多游客，并建立品牌忠诚度。

4. 事件营销

事件营销是一种利用乡村文旅的特色活动、节庆等来打造品牌独特形象的营销策略。通过组织各类有吸引力的活动，品牌可以吸引媒体和公众的关注，增加品牌曝光度和知名度。这些活动可以是特色的乡村体验、文化节庆、艺术展览等，与品牌的核心价值和定位相契合。通过举办有意义、具有吸引力的活动，品牌可以激发公众的兴趣和参与度，形成良好的口碑传播。媒体的报道和社交媒体的分享可以进一步扩大品牌的影响力，吸引更多游客和潜在客户。通过事件营销，品牌能够巧妙地结合乡村旅游资源和文化特色，塑造独特的品牌形象，增加品牌的吸引力和竞争优势。

（三）品牌体验策略

品牌体验策略是通过提供优质的旅游体验和服务来塑造品牌形象。在乡村文旅中，品牌体验是至关重要的，它可以通过以下方式实现。

1. 个性化服务

提供个性化的旅游服务，包括个性化的行程安排、定制化的导览和解说，满足游客的特殊需求和偏好。通过细致入微的关怀，游客能感受到独特的体验和个性化的对待。

2. 丰富的活动

组织丰富多样的活动和体验项目，如当地文化体验、传统手工艺制造、户外探险等。可以让游客亲身参与这些活动，感受乡村的魅力，并创造独特的旅游记忆。

3. 客户关怀

关注游客的需求和反馈，提供温暖周到的服务。主动倾听游客的意见和建议，并及时解决问题，让游客感受到关怀和重视。通过积极的客户关怀，建立良好的客户关系，促进口碑传播和品牌忠诚度的形成。

4. 创新体验

结合新兴技术和创意，不断创新旅游产品和服务。例如，可以引入虚拟现实（VR）技术，让游客在虚拟的世界中感受真实的乡村风情；

或者开展互动体验项目，让游客参与其中，提升他们的参与感和互动体验。

（四）品牌合作策略

品牌合作策略是指与相关合作伙伴建立合作关系，共同推广乡村文旅品牌，拓展市场份额和覆盖面。

1. 合作伙伴选择

品牌合作的第一步是选择适合的合作伙伴。合作伙伴可以包括旅行社、在线旅游平台、当地商家、社区组织以及其他与乡村旅游相关的企业或组织。在选择合作伙伴时，需要考虑其在目标市场中的知名度、影响力和专业能力。合作伙伴应该与乡村文旅品牌的定位和目标受众相契合，能够共同推广乡村旅游品牌，拓展市场份额和覆盖面。

2. 资源共享

品牌合作的关键在于资源共享。合作伙伴可以共享各自的资源，包括市场渠道、客户数据库、专业知识、人力资源等。例如，乡村旅游目的地品牌可以与旅行社合作，共享旅行社的销售渠道和客户资源，增加品牌的曝光度和吸引力。此外，合作伙伴还可以共同开展营销、品牌推广和宣传活动，通过联合营销提升品牌的知名度和影响力。

3. 互惠互利

品牌合作应该实现互惠互利的目标。合作伙伴之间的合作关系应该是双向的，能够为彼此带来利益和增值。通过合作，各方可以共同获得更多的市场份额、客户资源和经济效益。例如，乡村旅游产品品牌可以与当地商家合作，提供特别优惠和优先权，吸引更多游客购买乡村特色产品，同时为当地商家带来更多销售机会和利润。

4. 专业支持

合作伙伴可以提供专业的支持和知识，促进品牌的发展和推广。合作伙伴可能拥有丰富的经验和专业知识，可以为乡村文旅品牌提供市场调研、产品开发、营销策略等方面的支持和建议。例如，乡村旅游目的地品牌可以与旅游咨询机构合作，获取行业发展趋势和市场需求变化的

分析报告，指导品牌发展和策略制定。

5. 建立合作伙伴关系

品牌合作需要建立稳固的合作伙伴关系。这包括签订合作协议、明确合作目标和责任、共同制订营销计划和活动，建立长期的合作伙伴关系。合作伙伴关系应该基于信任、透明和共同发展的原则，双方应积极沟通、合作和协调，共同推动乡村文旅品牌的发展。

品牌合作策略在乡村文旅中是一项重要策略，通过与合作伙伴建立合作关系，共同推广乡村旅游品牌，可以实现资源共享、互惠互利，提高品牌的知名度和影响力，并为品牌的发展和推广提供专业的支持。

（五）品牌管理策略

品牌管理策略在乡村文旅领域中起着关键作用。

1. 市场监测

市场监测是通过市场调研、消费者调查等手段，了解市场趋势、竞争对手和消费者需求的过程。乡村文旅品牌需要密切关注市场变化，及时掌握目标市场的动态和趋势，以便调整品牌策略以及提供适应市场需求的产品和服务。市场监测可以通过定期进行市场调研、收集消费者反馈、分析竞争对手的行动等方式实施，为品牌决策提供数据支持。

2. 品牌形象维护

品牌形象维护是确保品牌形象的一致性和稳定性的过程。乡村文旅品牌需要建立和维护一个独特的品牌形象，使其在目标受众中产生积极的认知和情感联结。品牌形象维护包括以下几个方面。

（1）保持一致的品牌定位和核心价值观：确保品牌的定位和核心价值观在各种营销活动和沟通渠道中始终保持一致，避免造成品牌形象混淆和不一致。

（2）管理品牌视觉识别系统：建立和管理统一的品牌视觉识别系统，包括标志、色彩、字体等，以确保品牌在各种媒体和渠道中的一致性呈现。

（3）提供一致的品牌体验：确保游客在与乡村文旅品牌接触的各个

环节都能够体验到一致的品牌形象和服务质量，从而增强品牌认知和忠诚度。

3. 品牌资产管理

品牌资产管理是对乡村文旅品牌资产的有效管理和保护。品牌资产包括品牌声誉、知识产权、品牌文化和品牌价值等。品牌资产管理的关键内容如下。

（1）建立品牌资产管理体系：建立和管理品牌资产的相关档案和信息，包括品牌价值评估、知识产权保护、品牌文化传承等方面。

（2）保护品牌知识产权：注册商标、版权和专利等知识产权，确保品牌的独特性和独占性，防止他人侵权或盗用品牌资产。

（3）建立品牌文化传承机制：确保品牌的核心价值观和文化传承得到有效传达和继承，以保持品牌的独特性和一贯性。

4. 品牌危机管理

品牌危机管理是指在危机事件发生后，能及时、有效地处理和应对，保护品牌声誉和形象的完整性。在乡村文旅中，品牌危机可能涉及意外事故、自然灾害、负面舆情等。品牌危机管理的关键内容如下。

（1）建立危机管理预案：事先制定危机管理预案，明确责任分工、应对措施和沟通机制，以便在危机发生时能够迅速、准确地应对。

（2）及时沟通和信息公开：建立迅速、透明的沟通渠道，及时向公众和利益相关者提供准确的信息，回应负面舆情和疑虑。

（3）危机后评估和学习：危机过后，进行全面的评估和总结，汲取经验教训，改进品牌管理和危机应对机制。

五、品牌的创新和发展

在乡村文旅领域，品牌的创新和发展是提升品牌竞争力和适应市场变化的关键因素。

（一）创新驱动品牌发展

品牌的创新是指通过引入新的理念、策略、产品或服务等，不断满

足市场需求，提升品牌竞争力和市场份额的过程。在乡村文旅中，品牌创新包括以下几个方面。

（1）产品创新：不断推出新的旅游产品或服务，满足游客对乡村旅游的新需求和新体验，例如开发特色农家乐活动、推出创意主题旅游线路等。

（2）技术创新：利用新技术、数字化工具和互联网平台，提供在线预订、个性化定制、虚拟体验等创新方式，增加品牌的互动性和便捷性。

（3）营销创新：探索新的营销渠道和方式，如短视频营销、社交媒体推广、用户生成内容等，以吸引年轻一代游客和提高品牌曝光度。

（二）品牌差异化和个性化

品牌的差异化和个性化是提高品牌竞争力和吸引力的重要策略。在乡村文旅中，品牌可以通过凸显独特的文化底蕴、自然风光、特色活动等，塑造与众不同的品牌形象。通过差异化定位和个性化服务，吸引目标受众的关注和选择。例如，针对特定人群推出定制化的旅游产品或服务，满足不同游客的个性化需求。

（三）品牌体验的创新

品牌体验是乡村文旅品牌成功的关键因素。创新的品牌体验可以提供独特、令人难忘的旅游体验，加强游客对品牌的认知和忠诚度。在乡村文旅中，可以通过丰富多样的活动和体验项目、互动性的环境设计、注重细节的服务等创新品牌体验，让游客深度融入当地文化和自然环境。

（四）品牌文化和故事传承

乡村文旅品牌的创新和发展需要注重品牌文化和故事传承。乡村地区拥有独特的历史、传统和文化，将其融入品牌文化，能够增强游客对品牌的认知和情感共鸣。通过讲述当地故事、传承文化遗产、挖掘乡村独特魅力，打造具有情感共鸣和情感价值的品牌形象。

（五）品牌合作和跨界创新

品牌合作和跨界创新可以为乡村文旅品牌带来新的机遇和创新思路。与其他领域的合作伙伴合作，如艺术家、设计师、厨师等，可以创造与众不同的旅游体验，为品牌注入新的活力和创新元素。跨界合作还可以拓宽品牌的市场和受众范围，吸引更多不同背景和兴趣的游客。

品牌的创新和发展是乡村文旅品牌成功的关键因素。通过创新驱动、品牌差异化和个性化、品牌体验的创新、品牌文化和故事传承以及品牌合作与跨界创新，可以提升乡村文旅品牌的竞争力、吸引力和可持续发展能力。

第四节　短视频在社交平台的传播理论

一、短视频的传播特性

短视频在社交平台的传播特性是指短视频在社交媒体平台上快速传播和广泛分享的特点。这种形式的视频简短、生动、易于消化，因此能在用户之间迅速传播，是现代社交媒体的一种重要内容形式。

（一）简洁生动

短视频通常时间较短，一般在几十秒到几分钟之间，这使得它们更具有吸引力和易于消化。短视频的简洁生动特点使其在社交平台上更易于快速传播。由于其时长短暂，用户可以快速观看和理解内容，而且短视频利用生动的画面、简练的语言和吸引人的音效吸引用户的关注。这样的吸引力使得短视频更容易被用户接受和分享，进而促进了其在社交媒体上的传播。无论是在微信朋友圈、微博还是其他社交平台，这种简洁生动的短视频内容都能够引起用户的兴趣和共鸣，从而推动其迅速传播。

（二）快速传播

短视频之所以能够快速传播，一方面是因为其时长短暂，用户可以迅速观看和消化。与长视频相比，短视频不需要用户花费过多时间和精力，这降低了用户观看和分享的门槛。另一方面是因为社交媒体平台提供了便捷的分享功能，用户可以轻松地将喜欢的短视频分享给自己的朋友和关注者，从而扩大了传播范围。此外，社交媒体平台通常通过推荐算法将热门和有趣的短视频呈现给更多用户，这进一步促进了短视频的传播速度。这种快速传播特性使得短视频能够在短时间内迅速扩散，吸引更多的观众和用户参与，形成病毒式的传播效应。

（三）内容多样性

短视频的内容多样性是其在社交平台上传播的重要特征。短视频可以包含各种不同主题和类型的内容，从搞笑、音乐、舞蹈到教程、新闻、时事评论等。这种多样性使得短视频能够满足不同用户的兴趣和需求，吸引更广泛的受众群体。社交媒体平台上的用户可以根据自己的喜好和兴趣选择并分享自己喜欢的短视频，这种用户生成的内容进一步推动了短视频的传播。用户之间通过分享喜欢的短视频，扩大了内容的传播范围，让更多的人有机会接触和参与讨论不同主题的短视频内容。因此，短视频的内容多样性是促进其在社交平台上传播的重要因素之一。

（四）社交互动

短视频在社交平台上的传播特性之一是社交互动。社交媒体平台为用户提供了评论、点赞、分享等互动功能，使得用户能够与其他用户进行互动和分享意见。当用户观看完短视频后，他们可以通过评论表达自己的观点、与其他用户交流，并点击点赞和分享按钮以表达喜欢和支持。这种社交互动的机制激发了用户之间的互动和讨论，形成了社区氛围。

短视频通常会引起用户的情感共鸣、争议或启发，这进一步激发了用户之间的互动。用户可以在评论中分享自己的感受、提出问题或者分享经验。这种互动不仅促进了用户之间的交流，还使得短视频的内容更加丰富和多样化。同时，用户的互动行为也会增加短视频的曝光度和传播范围。当用户评论或分享短视频时，它们往往会在其社交网络中的其他人的视野中出现，从而进一步扩大了短视频的影响力。

（五）视觉吸引力

短视频通常注重画面的设计和视觉效果，利用精美的图像、鲜明的颜色和吸引人的动画效果吸引用户的眼球。通过巧妙地运用视觉元素，短视频能够在用户的社交媒体源中脱颖而出，引起用户的兴趣和注意。精心设计的画面和视觉效果能够让短视频更具吸引力，激发用户的好奇心和分享欲望。用户更倾向于点击、观看和分享视觉上引人注目的短视频，从而促进了其传播和扩散。因此，短视频的视觉吸引力是吸引用户的关键因素之一，对于其在社交平台上的传播具有重要影响。

（六）算法推荐

算法推荐是短视频在社交平台上传播的关键特性之一。社交媒体平台通过分析用户的兴趣、行为和互动历史，利用推荐算法向用户推送符合其兴趣和偏好的短视频内容。这些算法能够根据用户的浏览记录、点赞、评论等数据，识别用户的兴趣领域和喜好，并据此推荐相关的短视频。

算法推荐的作用在于提高短视频被用户发现和观看的机会。当用户打开社交媒体平台时，推荐算法会在用户的主页、推荐栏或相关视频栏目中呈现与其兴趣相关的短视频。这样，用户在浏览社交媒体时很容易接触到感兴趣的短视频，进而产生观看和分享的行为。

通过算法推荐，用户可以发现更多符合自己兴趣的短视频，丰富了其内容消费体验。同时，推荐算法也促进了短视频的传播，因为当用户发现并喜欢某个短视频时，往往会将其分享给自己的朋友和关注者，从而扩大了短视频的影响力和传播范围。

短视频在社交平台上具有简洁生动、快速传播、多样化的内容、社

交互动、视觉吸引力和算法推荐等特性。这些特性共同作用使得短视频成了社交媒体上一种受欢迎的内容形式，为用户之间的信息传播和互动提供了新的方式。

二、短视频的传播策略

短视频的传播策略是实现广泛传播和影响力的关键[①]。

（一）制作精良的内容

短视频需要有高质量的内容，包括有趣的故事情节、引人入胜的视觉效果、实用的技能教程或专业知识分享等。制作精良的内容是吸引用户观看和分享的基础。内容应该与目标受众的兴趣和需求相契合，能够引起他们的情感共鸣或提供有价值的信息。

（二）选取适合的社交平台

不同的社交平台有不同的用户群体和特点。根据目标受众的特征和平台的特点，选择合适的社交平台进行短视频的传播。例如，抖音和快手适合年轻的用户，微博适合关注时事和新闻的用户。了解平台的用户群体和使用习惯，有助于更好地定位目标受众，提高传播效果。

（三）利用用户生成内容

鼓励用户参与创作和分享短视频内容，增加用户的参与度和黏性。可以通过举办短视频创作比赛、邀请用户参与挑战或分享自己的创意等，激发用户的创作热情。用户生成内容能够增加短视频的多样性和互动性，也能扩大传播范围，因为用户通常会将自己的作品分享到社交网络上。

（四）利用社交网络效应

社交媒体平台提供了丰富的社交功能，如分享、评论、点赞等。通过积极与用户互动，回复评论、感谢点赞，增加与用户之间的联结和互

① 隋岩，哈艳秋，郎劲松，等．新闻传播学前沿 2020[M]．北京：中国国际广播出版社，2021：12.

动。这种互动能够促进短视频的传播，因为用户会感受到与内容创作者的紧密联系，并更愿意将视频分享到他们的社交网络上。

（五）跨平台传播

将短视频内容适配到不同的社交平台上，扩大传播渠道和受众范围。不同的社交平台具有不同的特点和用户群体，通过适应不同平台的规则和特点，将短视频在多个平台上发布和推广，能够吸引更多的用户观看和分享。

短视频的传播策略涵盖了制作精良的内容、选择适合的社交平台、利用用户生成内容、利用社交网络效应和跨平台传播。综合运用这些策略，就能使短视频在社交平台上实现更广泛的传播和影响力。

三、短视频的受众研究

短视频的受众研究是为了更好地了解观众的特点、需求和行为，从而指导短视频的制作和传播策略[①]。

（一）受众特征

了解受众的特征对于针对不同受众制定差异化的短视频内容和传播策略至关重要。受众特征包括年龄、性别、地域、兴趣爱好等方面。通过数据分析和用户调查，可以获得受众的基本信息和特征分布，从而更好地把握受众群体的特点。

（二）受众需求

了解受众对短视频的需求和偏好是研究的重要方向之一。通过观察用户的观看行为、用户调查和市场调研，可以了解受众对短视频的喜好、关注的主题和内容类型。这有助于制定符合受众需求的短视频内容，提高用户体验和吸引力。

① 林昱君．媒介系统依赖下的短视频受众研究 [J]. 编辑之友，2020(7):74-78.

（三）受众行为

分析受众在社交平台上的行为模式对于了解他们如何发现、观看、分享和参与短视频内容至关重要。通过数据分析和用户调查，可以了解受众在社交平台上的使用习惯、观看时间段、观看时长等行为特征。这有助于制定更精准的传播策略，例如在用户高活跃度时段发布短视频、鼓励用户进行分享和互动等。

（四）观众反馈

通过观众的反馈和评论，可以获得对短视频内容和质量的评价。观众反馈可以来自社交平台上的评论、点赞和分享，也可以通过用户调查和反馈调研获得。这些反馈信息对于优化短视频内容和改进传播策略非常有价值，可以帮助制作团队更好地满足观众的期望和需求。

短视频的受众研究是为了更好地了解观众的特征、需求和行为。通过对受众特征、需求、行为和观众反馈的研究，可以指导短视频的制作和传播策略，提高视频内容的吸引力、参与度和传播效果。

四、短视频的传播效果

短视频的传播效果是衡量其在社交平台上传播影响力的重要指标。

（一）观看量

观看量是衡量短视频传播效果的基本指标，特别是在社交平台上。高观看量意味着短视频成功地吸引了大量用户观看，展示了短视频在社交平台上的受欢迎程度和影响力。

高观看量反映了短视频内容的吸引力和对用户需求的满足程度。当观众对短视频内容产生兴趣时，他们会点击观看，并有可能通过点赞、评论、分享等方式进一步参与其中。因此，观看量的增加是短视频内容受到用户认可和喜爱的直接体现。

观看量的高低与短视频在社交平台上的曝光度和传播范围密切相关。观看量高的短视频往往能够吸引更多的用户进行分享和转发，从而进一步扩大其传播范围。用户通过分享和转发将短视频传播到自己的社交网络上，吸引更多的观众观看，进而产生更多的分享和传播，形成病毒式的传播效应。

观看量的提升需要考虑多个因素，包括短视频的内容质量、标题和缩略图的吸引力、社交平台的推荐算法等。制作精良、有趣和能产生共鸣的内容能够吸引更多观众的点击和观看。同时，优化标题和缩略图能够增加用户点击的欲望和兴趣。此外，与社交平台的推荐算法保持良好的互动，积极回复评论和鼓励用户参与，也有助于提高观看量。

（二）点赞数和评论数

点赞数和评论数是衡量观众对短视频内容喜爱程度和参与度的重要指标，反映了观众与短视频的互动程度和参与程度。

1. 点赞数

点赞是观众对短视频内容的肯定和喜爱的表达。高点赞数表示观众对短视频内容产生了积极的反应，认可其内容质量、创意或者引发了情感共鸣。观众通过点赞来表达对短视频的喜欢和支持，这也是对短视频制作团队的肯定和鼓励。

2. 评论数

评论是观众与短视频内容之间的互动和交流。高评论数意味着观众对短视频内容产生了浓厚的兴趣，并愿意积极参与讨论和互动。观众通过评论可以表达自己的观点、提出问题、分享经验或者与其他观众互动。评论不仅能反映观众对短视频的反馈和意见，还增加了短视频内容的互动性和参与感。

高点赞数和评论数对于短视频的传播效果和影响力有积极的作用。首先，高点赞数和评论数反映了观众对短视频内容的认可和喜爱，增加了短视频在社交平台上的可信度和吸引力。其次，观众的点赞和评论可以在社交平台上产生互动效应，引起其他用户的注意和参与，进而扩大短视频的传播范围。最后，点赞和评论也为短视频制作团队提供了宝贵的用户反馈和意见，有助于不断改进和优化内容。

因此，关注点赞数和评论数可以帮助制作团队和品牌了解观众对短视频的喜好和参与程度，评估短视频的受欢迎程度和社交互动效果，从而优化短视频的制作和传播策略，提升传播效果和用户参与度。

（三）分享数和转发数

分享数和转发数是衡量短视频在社交平台上传播范围和传播速度的重要指标。高分享数和转发数意味着用户愿意将短视频分享到自己的社交网络上，从而扩大短视频的曝光度和传播范围。

1. 分享数

分享数表示用户将短视频分享到自己的社交网络上的次数。当观众对短视频内容产生兴趣、喜爱或认可时，他们会选择将其分享给朋友、家人或关注者，以推荐给其他人观看。高分享数意味着观众认为短视频值得分享，并愿意将其传播给更多的人。

2. 转发数

转发数表示用户将短视频在社交平台上进行转发的次数。转发是指用户将短视频原文转发到自己的个人账号或其他社交媒体账号上，使更多的用户能够看到和观看短视频。高转发数意味着观众认为短视频具有传播的价值，希望更多的人看到和分享。

分享数和转发数是衡量短视频传播效果的重要指标，尤其是在社交平台上。高分享数和转发数意味着短视频的传播范围扩大，能够触达更多的用户，并进一步传播到他们的社交网络上。通过分享和转发，短视频能够以指数级增长的速度传播，形成病毒式传播效应。高分享数和转发数对于短视频的传播效果有多重积极的影响。首先，分享和转发扩大了短视频的曝光范围，使更多的用户有机会观看和了解内容。其次，分享和转发作为用户个人推荐的行为，能够增加其他用户的信任度和兴趣，从而进一步促进短视频的传播。最后，分享和转发也可以引发更多的点赞、评论和互动，进一步提升短视频的影响力和社交互动效果。

关注分享数和转发数可以帮助制作团队和品牌了解短视频的传播范围和速度，评估短视频的社交影响力和用户参与度，从而优化短视频的制作和传播策略，提升传播效果和社交互动效果。

（四）用户参与度

用户参与度是衡量观众在社交平台上对短视频内容的互动行为和参与程度的指标。它包括观众的点赞、评论、分享、转发等活动。当用户对某个短视频感兴趣并愿意积极参与时，他们会通过这些互动行为表达自己的喜爱或观点。这种高用户参与度不仅展示了观众对短视频内容的浓厚兴趣，还促进了短视频在社交平台上的传播。通过用户的点赞、评论、分享、转发等活动，短视频可以获得更广泛的曝光，吸引更多的观众参与其中，进而带来更好的社交平台传播效果。

（五）品牌关注度和影响力

品牌关注度和影响力是衡量短视频在社交平台上传播效果的重要指标。当短视频能够引起观众对品牌的关注并提升品牌的知名度时，它就具备了一定的传播效果。通过在社交平台上发布与品牌相关的短视频内容，品牌可以吸引更多的观众关注，并借此增加品牌的曝光度和影响力。如果短视频能够塑造出正面的品牌形象，赢得观众的好评和认可，进而对品牌的声誉产生积极影响，那么可以认为其传播效果较好。因此，通过社交平台的传播，短视频有望提高品牌的关注度和影响力，实现更广泛的品牌传播。

除了以上指标，还可以根据具体的目标和需求，结合用户调查、市场研究和数据分析等方法，制定更具体的评估指标和评估体系，以评估短视频的传播效果。通过对短视频的传播效果进行评估，可以了解观众对短视频的反应和参与程度，评估传播范围和速度，以及对品牌知名度和影响力的贡献。这能为制作团队和品牌营销人员提供宝贵的反馈和指导，以优化短视频的制作和传播策略，提升传播效果和用户参与度，从而达到更好的营销效果和品牌推广效果。

第四章　短视频赋能乡村文旅品牌力的背景

短视频赋能乡村文旅品牌力，作为当下社交媒体时代的兴起趋势，具有重要的背景和前景。本章将探讨短视频在乡村文旅领域赋能品牌力的背景，分析其独特优势，并深入剖析所面临的挑战。通过对这些因素的综合研究，揭示短视频对乡村文旅品牌力提升产生的影响与提供的机遇，为进一步探索短视频营销策略和推广手段提供理论支持和实践指导。

第一节　短视频赋能乡村文旅品牌力的背景

在社交媒体时代的兴起下，短视频成了一种具有强大传播力和影响力的新型媒介形式。乡村文旅作为旅游业的重要组成部分，面临发展的机遇与挑战。这一背景促使了短视频在乡村文旅领域赋能品牌力的趋势。

一、社交媒体的兴起

社交媒体的兴起是短视频赋能乡村文旅品牌力的重要背景之一。随着社交媒体平台的普及和快速发展，人们获取信息和社交互动的方式发生了巨大变化。平台“如抖音、快手”等成了用户分享和消费短视频内容的主要渠道，吸引了大量的用户关注和参与。

这种社交媒体时代的兴起为乡村文旅品牌提供了广阔的传播平台。乡村文旅品牌可以利用短视频平台直接接触和吸引大量潜在的游客和观众群体。通过生动、直观的短视频形式，品牌能够展示乡村的优美景色、丰富的旅游体验和独特的文化内涵，激发用户的兴趣和关注。

短视频在社交媒体中的流行也为乡村文旅品牌创造了更多的互动和参与机会。用户可以通过点赞、评论、分享和转发等方式与品牌互动，传播乡村文旅内容并扩大品牌影响力。这种社交媒体的互动性为乡村文旅品牌建立与用户之间的联结提供了更多的可能性。

社交媒体的兴起为短视频赋能乡村文旅品牌力提供了重要的背景。通过在短视频平台上展示乡村的魅力和吸引力，品牌可以借助社交媒体的广泛影响力吸引更多的潜在游客和观众，提升品牌知名度和影响力。这种社交媒体时代的兴起为乡村文旅品牌带来了新的传播渠道和互动方式，为品牌的发展和推广创造了更有利的条件。

二、乡村文旅的快速发展

乡村文旅的快速发展是短视频赋能乡村文旅品牌力的重要背景之一。随着城市生活节奏的加快和人们对自然、宜居环境的向往，越来越多的人选择远离城市喧嚣，寻找乡村的宁静和美丽。乡村旅游作为一种独特的旅游形式，融合了自然风光、乡村风情和文化传统等元素，吸引了大量游客的关注和参与。

乡村文旅的快速发展为短视频赋能提供了机遇。短视频作为一种快速、直观的内容形式，能够生动地展示乡村的美景、特色民俗、独特文化等，让观众通过视觉和听觉全面感受乡村的魅力。通过短视频平台，乡村文旅品牌可以更好地传达乡村旅游的价值和魅力，吸引更多的游客前往体验。短视频可以将乡村文旅的优势和特色以更生动、有趣的方式展示出来，引起用户的共鸣和兴趣，从而提升品牌的知名度和影响力。

然而，乡村文旅也面临一些挑战。首先，基础设施建设是乡村旅游发展面临的重要问题。一些乡村地区的交通、住宿、餐饮等基础设施还不完善，限制了游客的流动和体验。通过短视频的形式，品牌可以重点展示和宣传乡村文旅的优秀基础设施和便利条件，吸引游客前往。其次，环境保护也是乡村文旅面临的挑战之一。乡村地区的自然环境和生态资源需要得到有效的保护和管理。通过短视频，品牌可以强调乡村文旅的可持续发展理念，唤起游客的环保意识。最后，乡村文化的传承和

保护也是一个重要问题。通过短视频，品牌可以展示乡村的传统文化、民俗活动等，引发观众对文化传统的关注和尊重。

综上所述，乡村文旅的快速发展为短视频赋能乡村文旅品牌力提供了机遇。短视频通过生动展示乡村的优美景色、独特文化和旅游体验，能够吸引更多的游客关注和参与，提升品牌的知名度和影响力。然而，乡村文旅也需要应对基础设施建设、环境保护和文化传承等挑战，短视频赋能可以成为解决这些问题的有效方式。

三、短视频在社交媒体中的崛起

短视频在社交媒体中的崛起是短视频赋能乡村文旅品牌力的重要背景之一。随着社交媒体平台的发展和用户规模的增加，短视频成了人们获取信息和娱乐的主要途径之一。

短视频在社交媒体中的崛起为乡村文旅品牌带来了广泛的传播和互动机会。通过短视频平台，乡村文旅品牌可以发布具有吸引力的内容，吸引用户的关注和参与。短视频具有直观、有趣的特点，能够更好地展示乡村的美景、独特体验和文化魅力，引发用户的共鸣和情感投入。这种形式的传播更易于引起用户的关注、评论和转发，从而扩大品牌的知名度和影响力。

短视频的多样化表现形式和创新的内容呈现方式也为乡村文旅品牌提供了更多的营销和传播策略选择。通过创意的剪辑、特效和配乐等手段，短视频能够吸引观众的眼球，提升观看体验。同时，短视频还支持实时互动，用户可以通过点赞、评论和分享等方式与品牌交流和互动，增强用户与品牌的联结和参与感。

短视频在社交媒体中的崛起为乡村文旅品牌赋能提供了重要的背景。通过短视频平台发布吸引人的内容，乡村文旅品牌能够扩大品牌知名度、增加用户互动和分享，进而提升品牌的影响力和品牌力量。短视频的多样化表现形式、创新的内容呈现和与用户的实时互动，也为乡村文旅品牌提供了更多的营销和传播策略选择，推动了乡村文旅品牌力的提升。

四、短视频与乡村文旅结合的必然性

短视频与乡村文旅结合的必然性在于其传播效果、互动体验、目标用户、品牌建设和故事表达等方面的优势。充分利用短视频平台的特点和资源，可以有效推动乡村旅游的发展，并吸引更多游客前往乡村体验丰富多彩的文旅资源。

（一）传播效果

短视频作为一种视觉和听觉相结合的媒介形式，以简洁生动的方式吸引用户的注意力。短视频通常在几分钟内呈现出丰富的内容，能够迅速传递乡村文旅的特色和魅力。经过精心策划和制作的短视频，可以展示乡村的自然风光、传统文化、人文故事等，激发观众的好奇心和探索欲望。

短视频平台拥有广泛的用户基础和社交分享功能，能够帮助乡村文旅实现更广泛的传播。用户可以通过点赞、评论、分享等方式与短视频内容互动，增加了内容的曝光度和传播范围。当用户将乡村文旅的短视频分享到自己的社交圈时，会引发更多人的兴趣和关注，从而扩大乡村文旅的影响力。短视频平台还提供了多样化的创意和技术手段，能够帮助创作者以更富有创意和艺术性的方式展示乡村文旅。通过运用剪辑、音乐、特效等手法，可以营造出独特的视觉体验和情感共鸣，让观众更深刻地感受乡村的魅力。

短视频平台具有传播效果好的优势，能够通过简洁生动的内容、广泛的用户基础和社交分享功能，有效推广乡村文旅。利用短视频的创意和技术手段，可以打造出更具艺术性和吸引力的内容，吸引更多的目标用户关注乡村旅游，促进乡村旅游发展。

（二）互动体验

短视频平台提供了丰富的互动功能，使观众能够积极参与和体验乡村文旅内容。观众可以通过点赞、评论、分享等方式与短视频内容互动，表达自己的喜好和意见。这种互动体验不仅增加了观众的参与度，

也提供了与内容创作者和其他观众交流的平台。

通过与观众的互动，乡村文旅可以更好地了解观众的需求和反馈，进一步改进和优化旅游产品和服务。观众的评论和分享也可以扩大乡村文旅的影响范围，引发更多人的兴趣，进而增加游客的到访量和提高游客的体验。短视频平台的社交性也为乡村文旅的互动体验提供了机会。观众可以在评论区交流意见、分享经验，甚至组织线下的乡村旅游活动，促进社区的互动和交流。这种社交性的互动不仅增加了观众的参与感，也增强了他们对乡村文旅的认同和忠诚度。

短视频平台的互动体验优势使乡村文旅能够与观众进行更紧密的互动和沟通。观众的参与和反馈能够为乡村文旅提供宝贵的意见和建议，推动其不断提升和发展。同时，互动体验也加强了观众对乡村文旅的情感联结，促使他们更积极地参与和体验乡村旅游。

（三）目标用户

短视频平台上的用户主要包括年轻人和都市居民，这一群体对旅游和文化体验有较高的需求。他们追求新奇、多样和个性化的体验，对于探索未知的乡村地区和体验独特的文化传统非常感兴趣。

通过在短视频平台上推广乡村文旅，可以更好地触达这一目标用户群体。这些用户经常浏览短视频平台，习惯通过观看短视频来获取信息和娱乐。因此，将乡村文旅的内容以短视频的形式展示，能够更直接地吸引他们的注意力，激发他们对乡村旅游的兴趣。

此外，短视频平台的社交特性也增加了乡村文旅与目标用户的互动和交流机会。用户可以在评论区留言、分享自己的旅行经历和感受，甚至组织线下的乡村旅游活动。这种社交互动不仅加强了用户之间的交流，也为乡村文旅提供了宝贵的口碑传播和用户生成内容的机会。

通过将乡村文旅与短视频平台上的目标用户进行有效匹配，可以扩大乡村旅游的受众范围，吸引更多的年轻人和都市居民前往乡村旅游。同时，目标用户的积极参与和互动也有助于提升乡村文旅的知名度和美誉度，进一步推动乡村旅游发展。

因此，短视频与乡村文旅结合的必然性在于通过在短视频平台上推广乡村文旅，更好地触达目标用户群体，激发他们对乡村旅游的兴趣，促进乡村旅游发展。

（四）品牌建设

短视频平台具有强大的影响力和传播能力，其中许多内容创作者和机构已经成了影响力强大的社交媒体大V。他们在短视频平台上拥有广泛的粉丝基础和影响力，能够吸引大量的用户关注。通过与这些有影响力的创作者合作，乡村文旅可以借助其品牌号召力和粉丝基础，快速提升知名度和美誉度，吸引更多游客前往乡村旅游。

与大V合作可以为乡村文旅带来多方面的好处。首先，大V拥有广泛的粉丝群体，通过与他们合作，乡村文旅可以直接接触大量潜在的目标用户。这些粉丝通常对大V的推荐和推广抱有较高的信任度，会更愿意尝试和体验其推荐的乡村旅游产品和目的地。大V作为意见领袖和行业专家，其在短视频平台上所展示的乡村文旅内容会受到粉丝的关注和追随。他们可以通过精心制作的短视频来展示乡村的特色景点、文化传统、旅游体验等，有效地传递乡村文旅的价值和魅力。这种由大V推广的乡村文旅内容具有较高的影响力和说服力，能够吸引更多的用户关注和参与。与大V合作还可以提升乡村文旅的品牌形象和口碑。其次，大V通常具备专业的影视拍摄技术和创作能力，能够帮助乡村文旅打造高质量、精美的短视频内容，增强其品牌的视觉呈现和美誉度。通过与大V合作，乡村文旅可以借助其影响力和创意，吸引更多用户关注并形成品牌认同。

与短视频平台上的大V合作有助于乡村文旅进行品牌建设。借助大V的影响力和粉丝基础，乡村文旅可以快速提升知名度和美誉度，吸引更多游客前往乡村旅游。同时，大V的专业能力和创意也能够为乡村文旅打造高质量的短视频内容，增强品牌的视觉呈现和形象塑造。

（五）故事表达

短视频平台为乡村文旅提供了一个理想的平台，以故事化的方式展

示乡村的特色和魅力。通过精心策划和制作的短视频，可以讲述乡村的故事，呈现当地的历史、人文、自然景观等元素，使观众产生情感共鸣和身临其境的体验，进而激发观众的旅游兴趣。

故事具有强大的情感感染力和记忆点，能够引发观众的共鸣和情感联结。通过将乡村文旅融入故事情节中，短视频可以让观众更深入地了解乡村的独特魅力和吸引力。通过展示乡村的历史传承、当地居民的生活故事、壮美的自然景观等，观众可以在情感上与乡村产生共鸣，并对乡村旅游产生兴趣和好奇心。

此外，故事化的短视频还能够提供更多元化和深入的信息，使观众对乡村文旅有更全面的了解。通过展示乡村的特色活动、文化传统、地方美食等，观众可以感受到乡村的多样化和丰富性，进一步激发他们的探索欲望和旅游意愿。

短视频平台提供了丰富的创意和技术手段，能够通过剪辑、音乐、特效等方式营造出富有感染力的故事表达形式。这些创意和技术手段可以增加短视频的艺术性和吸引力，使乡村文旅更具观赏性和互动性，吸引更多用户的关注和分享。

因此，短视频平台的故事表达优势使得乡村文旅能够通过生动有趣的故事展示自身的特色和魅力，引发观众的共鸣和情感联结，进而激发他们对乡村旅游的兴趣。通过故事化的短视频，乡村文旅可以打造出更具吸引力和情感感染力的品牌形象，吸引更多游客前往乡村体验丰富多彩的文旅资源。

第二节　短视频赋能乡村文旅品牌力的优势

一、提高乡村文旅品牌的知名度

当乡村文旅与短视频结合时，短视频平台的传播能力可以显著提高乡村文旅品牌的知名度。

短视频平台拥有庞大的用户群体，尤其是年轻人和都市居民，他们是乡村文旅的潜在目标用户。这些用户经常使用短视频平台浏览、分享和评论视频内容，因此，将乡村文旅的特色以短视频的形式展示给这一用户群体，可以迅速吸引他们的注意力，提高对乡村旅游品牌的认知和知名度。

短视频作为一种简洁、生动的传播形式，具有快速传播的特点。当用户发现一部精彩的乡村文旅短视频后，通常会将其分享到自己的社交圈，进而引发更多人的关注和分享。这种社交分享的机制使得乡村文旅的品牌信息能够迅速扩散，提高品牌的知名度。短视频平台还提供了精准的推荐算法，根据用户的兴趣和行为偏好，将相关的乡村文旅短视频推送给潜在用户。这种个性化推荐能够让更多感兴趣的用户接触到乡村文旅的品牌信息，进一步提高品牌的知名度。

通过短视频平台传播乡村文旅品牌，还可以利用用户生成内容的力量。许多用户会通过上传自己在乡村旅游中拍摄的视频来分享旅行经历和感受。这些 UGC 视频不仅能够为乡村文旅增加更多真实、生动的内容，还能够通过用户的亲身体验进一步推广品牌并提高其知名度。

短视频平台的传播能力可以有效提高乡村文旅品牌的知名度。通过利用短视频平台庞大的用户群体、社交分享机制、个性化推荐以及用户生成内容，乡村文旅品牌可以迅速扩散，吸引更多用户的关注和参与，进一步推动乡村旅游发展。

二、丰富乡村文旅品牌的表达方式

当乡村文旅与短视频结合时，短视频平台赋能乡村文旅品牌的优势之一在于丰富品牌的表达方式。

短视频平台提供了丰富多样的创意和技术手段，可以帮助乡村文旅以更多元的方式表达其特色和魅力。通过视觉、音乐、特效、剪辑等多种元素的运用，乡村文旅品牌可以以生动、艺术性和有张力的方式展示其独特之处。

短视频平台通过视觉呈现的特点，展示乡村文旅的美景、建筑风

格、传统文化等元素。精心策划和制作的短视频可以以生动的画面和丰富的细节展示乡村的独特之处，激发观众的好奇心和探索欲望。透过短视频的镜头，观众可以感受到乡村的美丽和独特魅力，从而对乡村文旅产生兴趣和好感。

短视频平台还提供了音乐、配乐等声音元素。音乐可以营造出适宜的氛围和情感，通过与图像的配合，进一步增强乡村文旅的表达效果。适合的音乐可以让观众更好地融入乡村的氛围，加深对乡村文旅的感知和体验。音乐的选择与短视频的内容相结合，能够在情感上触动观众，使他们与乡村文旅品牌产生共鸣。

此外，短视频平台的特效和剪辑工具为乡村文旅品牌的表达增加了创意和艺术性。通过运用特效，可以将乡村文旅的故事和特色元素进行独特的呈现，提升观众的观赏体验。剪辑工具则可以将不同的场景、故事线索等进行有机组合，以更富有张力和叙事性的方式展示乡村文旅的魅力。特效和剪辑工具的运用能够使乡村文旅品牌给观众留下深刻的印象，提升品牌的艺术性和吸引力。短视频平台提供了文字、字幕等文字元素的运用。通过适当添加文字描述，可以进一步强调乡村文旅的特色和亮点，帮助观众更好地理解和记忆乡村文旅品牌的信息。文字的运用可以提供更多的背景知识、故事情节等，让观众对乡村文旅有更全面的了解，加深对品牌的印象。

短视频平台赋能乡村文旅品牌的优势之一在于丰富品牌的表达方式。通过视觉、音乐、特效、剪辑工具以及文字等多种手段的运用，乡村文旅品牌可以以更富有创意、艺术性和张力的方式展示其特色和魅力。这种多元化的表达方式有助于乡村文旅品牌与观众建立更深入的情感联结，推动乡村旅游发展。

三、提升乡村文旅品牌的互动性

短视频平台的互动性为乡村文旅品牌带来了新的可能，观众的点赞、评论、分享等行动，促进了品牌与用户之间的互动和交流，进而提升了乡村文旅品牌的互动性。

观众在短视频平台上可以通过点赞来表达对乡村文旅内容的喜爱和支持。点赞是一种简单而直接的互动方式，观众可以通过点击屏幕上的点赞按钮，向喜欢的乡村文旅视频表达赞赏之情。这种互动可以给乡村文旅品牌带来积极的反馈，增强品牌与用户之间的联系。观众可以在短视频平台上进行评论，也可以与其他用户以及乡村文旅品牌进行交流和讨论。评论是观众表达自己观点和意见的重要方式，他们可以分享自己的观看体验、提出问题或提供建议。乡村文旅品牌可以积极回复观众的评论，与他们互动，加强与观众之间的沟通和关系。

观众通过分享乡村文旅的短视频内容来与他人进行互动。分享是一种将自己喜欢的内容传播给其他人的方式，观众可以将乡村文旅的短视频分享到自己的社交圈，如朋友、家人或其他社交媒体的关注者。这种社交分享不仅可以增加乡村文旅的曝光度和传播范围，还可以引发更多人对乡村旅游产生兴趣和关注。互动性的提升有助于增加品牌与用户之间的接触点和参与度，进而增强用户对乡村文旅的认同和忠诚度。当用户在短视频平台上与乡村文旅品牌互动时，他们更有可能形成情感联结，建立品牌认同感。他们可以通过与品牌的互动交流，获得更多的信息、建立更深入的关系，进一步加深对乡村文旅品牌的信任和喜爱。

短视频平台的互动性提升了乡村文旅品牌与观众之间的互动和交流，通过点赞、评论、分享等方式，促进了品牌的用户参与度和社交性。这种互动性的增加有助于增强用户对乡村文旅的认同和忠诚度，推动品牌的发展及其影响力的提升。

四、扩大乡村文旅品牌的影响力

扩大乡村文旅品牌的影响力是短视频平台赋能的又一优势。借助短视频平台的传播能力，乡村文旅品牌可以与有影响力的内容创作者合作，通过他们的品牌号召力和粉丝基础，快速提升品牌的知名度和美誉度，吸引更多游客前往乡村旅游。

与有影响力的内容创作者合作，例如社交媒体大 V、知名旅行博主等，可以为乡村文旅品牌带来更广泛的曝光度和受众范围。这些内容创

作者拥有庞大的粉丝群体，他们的推荐和介绍对于粉丝们的决策和行动具有很大的影响力。通过与他们的合作，乡村文旅品牌可以借助他们的影响力，将品牌信息传播给更多的潜在游客，扩大品牌的影响范围。

与有影响力的内容创作者合作还能够为乡村文旅品牌带来更多的创新和多样化的内容。这些创作者通常拥有丰富的创意和独特的表达方式，他们能够通过精心策划和制作的短视频内容展示乡村文旅的特色和魅力。他们的创意和表达方式可以吸引更多的观众，激发他们的兴趣和探索欲望，进而增加乡村文旅的知名度和影响力。

与有影响力的内容创作者合作还可以帮助乡村文旅品牌建立更密切的用户关系。这些创作者与他们的粉丝之间存在互动和亲近感，粉丝们更容易接受和信任他们的推荐。当他们向粉丝推荐乡村文旅品牌时，粉丝们更有可能对品牌产生兴趣并采取行动。这种通过有影响力的创作者建立的用户关系可以增强品牌的影响力，促进品牌的发展和增长。

借助短视频平台的传播能力，乡村文旅品牌与有影响力的内容创作者合作可以快速提升品牌的知名度和美誉度，吸引更多游客前往乡村旅游。通过他们的品牌号召力和粉丝基础，乡村文旅品牌可以扩大其影响力和影响范围，实现品牌的持续发展和增长。

五、创新乡村文旅品牌的宣传策略

创新乡村文旅品牌的宣传策略是短视频平台赋能的又一优势。借助短视频平台的特点和资源，乡村文旅品牌可以通过创新的宣传策略吸引用户的关注，提升品牌的知名度和美誉度，进而扩大品牌的影响力和影响范围。

（一）利用短视频平台的特点

短视频平台具有简洁生动、视觉和听觉相结合的特点，可以通过精心策划和制作的短视频来展示乡村文旅的特色和魅力。在宣传策略中，乡村文旅品牌可以利用短视频平台的特点，采用吸引人的画面和故事叙述方式，以及适合的配乐和特效，吸引观众的注意力，激发他们的好奇心和探索欲望。

（二）强调乡村文旅的独特性

乡村文旅品牌可以通过宣传策略突出乡村的独特之处，例如自然风光、传统文化、人文故事等。通过展示这些独特元素，乡村文旅品牌可以与其他竞争对手相区分，吸引更多用户的关注和兴趣。在短视频中，可以通过精心挑选的景点、活动、传统手工艺品等元素，展示乡村文旅的独特魅力。

（三）创造互动和参与性体验

短视频平台提供了互动和参与的功能，乡村文旅品牌可以充分利用这些功能与观众进行互动。例如，在短视频中可以设置问题、引发观众的思考，或者邀请观众在评论中分享自己的乡村旅行经历。通过这种方式，乡村文旅品牌可以促使观众与品牌互动，增加用户的参与度和忠诚度。

（四）故事化的宣传策略

短视频平台有助于通过故事化的方式展示乡村文旅的特色和魅力。乡村文旅品牌可以通过精心策划的短视频，讲述乡村的故事，呈现当地的历史、人文、自然景观等元素。故事的叙述，可以让观众产生共鸣和情感联结，进而激发旅游兴趣。故事化的宣传策略能够更加深入地触动观众的情感和好奇心。

（五）拓展多渠道传播

除了在短视频平台上进行宣传，乡村文旅品牌还可以通过其他社交媒体平台和线下活动进行多渠道宣传。例如，可以将短视频内容分享到其他社交媒体平台，与其他平台上的内容进行跨媒体推广。此外，可以与旅行机构、旅游媒体、当地政府等合作，通过线下活动、推广活动等形式扩大品牌的曝光度和影响力。

通过以上创新宣传策略，乡村文旅品牌可以在短视频平台上获得

更多的关注和认可，提升品牌的知名度和美誉度，进而扩大品牌的影响力和影响范围。这种创新的宣传策略有助于吸引更多的用户前往乡村旅游，推动乡村文旅发展。

第三节　短视频赋能乡村文旅品牌力面临的挑战

一、短视频内容的创新和差异化

在当前互联网环境下，短视频内容的创新和差异化是吸引用户注意力的关键。对于乡村文旅品牌而言，短视频的创新需要展现出乡村的特色和魅力，同时通过深入挖掘乡村的历史文化、自然风光、民俗风情等内容，创造出与众不同的视觉效果和故事情节。

首先，创新和差异化的短视频内容需要深入挖掘乡村的历史文化。乡村往往拥有悠久的历史和丰富的文化传承，通过挖掘乡村的历史故事、传统艺术和民间传说等，可以为短视频注入独特的文化内涵。这样的创新内容不仅能够吸引用户的兴趣，还能够增加乡村的知名度和吸引力。其次，短视频创新需要关注乡村的自然风光。乡村地区通常拥有壮丽的自然景观，如山水、田园、湖泊等，这些美丽的风景可以成为短视频创作的重要素材。通过巧妙的摄影技巧和剪辑手法，可以将乡村的自然风光展现得更加生动、震撼，给用户带来视觉上的享受和冲击。最后，创新和差异化的短视频内容还应该关注乡村的民俗风情。乡村地区的民俗文化常常具有浓厚的地方特色和独特的民间传统，这些可以作为短视频创作的切入点。例如，可以拍摄乡村的传统节日庆典、民间手工艺制作过程或者乡村居民的生活场景，通过展现乡村的民俗风情，打造出富有情感和亲和力的短视频内容。

然而，创新和差异化的短视频内容也面临一些挑战。首先，避免内容单一或重复。由于乡村文旅品牌的短视频内容通常围绕乡村的特色和魅力展开，存在一定的主题限制。因此，需要不断寻找新的切入点和角度，以避免内容的单一化和重复性，保持用户的新鲜感和兴趣。

其次，创新和差异化的短视频内容需要不断创新。随着互联网和短视频行业的发展，用户对于内容的要求也在不断变化。因此，乡村文旅品牌需要密切关注用户需求和市场趋势，及时调整创作策略和内容形式，保持创新性和差异化。

乡村文旅品牌在短视频内容创新和差异化方面需要深入挖掘乡村的历史文化、自然风光、民俗风情等内容，并通过创造与众不同的视觉效果和故事情节来吸引用户的关注。同时也需要面对内容单一或重复的挑战，应不断创新以保持用户的兴趣和关注度。

二、短视频制作的专业性和技术性

短视频制作的专业性是指在创作和制作短视频时需要的专业知识、技能和经验。专业性包括对影像语言的理解和运用、剧本创作、摄影技巧、剪辑技术、音效处理等方面的能力。

（一）短视频制作的专业性

1. 影像语言和叙事能力

短视频制作需要具备深刻理解和运用影像语言的能力。创作者需要通过镜头语言、镜头构图、画面美学等手段，将乡村的特色和魅力通过画面传达给观众。同时，创作者还需要具备优秀的叙事能力，能够通过编排画面和故事情节，引导观众的情感和思考。

2. 摄影技巧和设备运用

拍摄是短视频制作的重要环节，需要掌握专业的摄影技巧和设备运用。乡村文旅品牌的短视频可能需要在户外环境下拍摄，面对不同的光线和场景，创作者需要具备调整摄影参数、运用光影的能力，以获得高质量的拍摄效果。

3. 剪辑和后期处理技术

剪辑和后期处理是短视频制作的关键环节，可以通过剪辑和调色等手段提升视频的观赏性和质感。创作者需要熟悉专业的剪辑软件和后期

处理工具，能够对素材进行剪辑、特效添加、音效处理等操作，以达到预期的效果。

（二）短视频制作的技术性

短视频制作的技术性是指创作者需要掌握并运用的技术设备和工具，包括摄像机、镜头、麦克风、稳定器等专业设备的运用，以及剪辑软件、调色软件等后期处理工具的使用。技术性的论述可以从以下两个方面展开。

1. 专业设备的运用

制作高质量的短视频需要使用专业的摄影设备和音频设备。乡村文旅品牌可能需要在野外或特殊环境下进行拍摄，因此创作者需要了解并熟练运用各类设备，如摄像机的操作、镜头的选择、麦克风的录音等，以确保拍摄过程的质量和稳定性。

2. 后期处理工具的使用

后期处理是短视频制作的重要环节，创作者需要掌握剪辑软件、调色软件等后期处理工具的使用方法和技巧。通过对素材的剪辑、特效的添加、音效的处理等，可以提升短视频的质量和观赏性。

（三）解决办法

在乡村文旅品牌中，可能面临专业制作人才和技术设备不足的问题。这时可以考虑以下解决方案。

1. 培训和招募专业制作人才

培训或招募具备专业知识和技能的创作者，提升短视频的专业性和技术性。可以与相关院校或机构合作，引进专业人才或开设培训班。

2. 合作外部制作团队

与专业的视频制作公司或独立制片人合作，借助他们的专业团队和设备来制作高质量的短视频。这样可以充分利用外部资源，提升短视频制作的专业性和技术性。

3. 投资和更新设备

适时投资和更新专业的摄影设备、音频设备以及后期处理工具，以提升短视频制作的技术性。这可以改善拍摄效果和后期处理质量，为乡村文旅品牌带来更好的宣传效果。

通过培训和招募专业制作人才、与外部制作团队合作，或者投资和更新设备，乡村文旅品牌可以制作出高品质的短视频，提升其知名度和影响力，吸引更多用户的关注和参与。

三、短视频发布的时机和频率

短视频发布的时机和频率具有深远的影响力，决定了短视频的关注度和影响力。合理的发布时机应深度融入乡村生活的自然节奏与文化庆典，如农作物的丰收季节或乡村的特色节日，这些都是乡村生活中富有吸引力的元素。发布短视频时，紧扣这些特殊时刻，可以完整地呈现乡村的鲜活瞬间与丰富内涵，更能触动用户的心弦。

发布频率的管理同样重要，尤其是在如今信息爆炸的时代。为了持续吸引和保持用户的关注，需要有稳定的短视频更新，给观众提供新鲜感。但是，过于频繁的更新可能会带来信息冲击，导致用户对内容产生厌烦感，反而失去了原有的吸引力。与此同时，如果更新频率过慢，那么乡村品牌可能会在用户的视野中渐渐黯淡，用户的注意力也就难以保持。

因此，如何把握合适的发布时机和频率成了一个需要仔细思考的问题。这不仅需要深入了解和揣摩乡村生活，更需要敏锐洞察用户需求和习惯。只有这样，才能在不断的试错和调整中找到最适合乡村品牌的发布节奏，让每一个短视频都能在最佳的时机与频率中展现出最大的价值，引导用户持续关注并参与到乡村文旅品牌的建设中来。

四、短视频互动的管理和维护

在短视频领域，观众的互动行为，如评论、点赞、分享等，无疑为乡村文旅品牌带来了宝贵的曝光机会，从而增强了乡村的知名度和影响力。这样的用户参与性也将乡村文旅品牌的塑造变得更立体和生动，使品牌形象深入人心。

然而，管理和维护这些互动行为并不容易，尤其是对于乡村文旅品牌而言。首先，需要有专门的人员监测和回应观众的互动。对于积极的反馈，需要及时回应，进一步增强与观众的联系；对于负面的反馈，更需要迅速并恰当地处理，以减少其可能产生的负面影响。这一工作不仅耗费时间和精力，而且需要具备一定的公关技巧和危机处理能力。其次，随着互动的增多，可能会引发一些预料之外的问题，比如网络暴力、虚假信息等。这不仅可能影响乡村文旅品牌的形象，而且可能引发法律问题。需要建立完善的互动管理机制，预防和应对这些问题。最后，短视频的互动管理和维护需要一定的技术支持。例如，通过数据分析，可以更好地了解观众的反馈和行为，从而对短视频内容进行优化。但是，这需要专门的数据分析工具和技能，对于乡村而言，可能会遇到一定的挑战。

尽管短视频互动对于乡村文旅品牌的建设具有重要价值，但要有效地管理和维护这些互动，同时应对由此带来的挑战，需要乡村文旅品牌投入大量的精力和资源。

五、短视频运营的数据分析和效果评估

运用数据分析和效果评估在短视频运营中是至关重要的环节。这不仅可以帮助乡村文旅品牌了解短视频的表现，如观看次数、点赞数、分享数等，也能深入挖掘用户的行为习惯，如观看时间、互动模式等。通过这些数据，可以对短视频的内容、形式、发布时机等进行精细化的调整，从而优化短视频的效果。

然而，这也带来了一系列的挑战。首先，对于数据分析，需要有专门的数据分析工具和技能，包括数据收集、清洗、处理和分析等。同时，数据分析也需要大量的时间和精力，以确保对数据的准确理解和应用。其次，对于效果评估，需要定义清晰的评估指标和方法。这不仅包括数量性的指标，如观看次数、点赞数等，还包括质量性的指标，如用户的满意度、品牌形象等。此外，效果评估也需要考虑长期和短期的影响，以确保乡村文旅品牌的持续发展。最后，要将数据分析和效果评估

的结果转化为行动。这需要有清晰的决策机制和行动计划，以确保分析的结果可以被有效地应用到短视频的制作和发布中。

尽管数据分析和效果评估在短视频运营中有重要的价值，但如何有效地进行数据分析和效果评估，同时应对由此带来的挑战，需要乡村文旅品牌进行深入的思考和实践。

第五章　短视频赋能乡村文旅品牌力的内容创作

在短视频的浪潮下，乡村文旅品牌力的塑造已成为新的焦点。为此，本章将深入探讨短视频赋能乡村文旅品牌力的内容创作。

第一节　短视频赋能乡村文旅品牌力的内容定位

一、内容主题的选择

内容主题是决定短视频能否引起观众共鸣的关键。乡村文旅品牌应明确其独特的价值主张，选择符合自身特色且能引发广泛关注的主题。

（一）独特的价值主张

独特的价值主张是指将每个乡村的独特文化、历史和自然环境转化为品牌提供的独特价值。这些独特性可以成为乡村文旅品牌的核心卖点和特色，通过短视频展示给用户，进而吸引用户的关注和参与。

例如，如果某乡村拥有特色的民间艺术，品牌可以选择以此为主题，展示其独特的文化魅力。通过拍摄与民间艺术相关的画面和表演，展现乡村的独特艺术形式、传统技艺以及民间传承的故事，让观众领略到乡村独有的文化底蕴和艺术魅力。又如，如果某乡村拥有美丽的自然景观，品牌可以选择以自然风光为主题，展现乡村的优美自然环境。通过精美的摄影和剪辑技术，将乡村的山水、田园、湖泊等自然风景展现出来，让观众感受到乡村的宁静、纯净和与自然的亲密联系。

其他乡村可以根据自身特色和资源，选择其他独特的主题来展示其价值主张。例如，某乡村可能以特色的传统节日、独特的手工艺制作、悠久的历史遗迹等为主题，展现乡村的独特魅力和吸引力。通过将乡村的独特性转化为品牌的价值主张，短视频可以更好地传达乡村的特色和魅力，吸引用户的关注和兴趣。这不仅有助于提升乡村的知名度和影响力，也赋予了乡村文旅品牌独特的竞争优势。

（二）引发关注的主题

除了独特的价值主张，乡村文旅品牌在选择短视频主题时，也应关注当前的社会热点和公众关注的问题。将这些主题融入短视频内容，可以引发广泛的关注和讨论，进一步提升品牌的影响力。

环保是一个备受关注的社会热点，乡村文旅品牌可以选择以环保为主题的短视频内容。例如，可以展示乡村的生态环境保护措施、可持续农业模式以及生态旅游发展情况，呼吁观众保护环境、关注可持续发展。乡村振兴是当前社会关注的重要议题，乡村文旅品牌可以选择以乡村振兴为主题的短视频内容。通过展示乡村的发展成就、农村产业的创新和转型等，向观众传递乡村振兴的重要性和成果，激发观众对乡村的关注和支持。农业创新是农村发展的重要方向，乡村文旅品牌可以选择以农业创新为主题的短视频内容。例如，可以展示乡村的农业科技应用、农产品的加工和销售创新，向观众展现乡村农业的现代化和活力，促进农村经济发展。

此外，还可以关注其他社会热点和公众关注的问题，如乡村教育、乡村文化保护、乡村医疗等。通过将这些主题融入短视频内容，乡村文旅品牌可以与观众分享关于乡村发展的重要信息和故事，引发公众对乡村问题的思考和关注。选择引发广泛关注的主题，不仅能够提升短视频的传播效果，还可以使乡村文旅品牌在社会中扮演积极的角色，为社会进步和乡村发展贡献力量。

（三）结合本土要素

乡村文旅品牌在选择短视频主题时，应深入挖掘本土的文化、历史、自然等要素，以展示乡村的独特魅力并加深观众对乡村的认知和理

解，可以选择讲述乡村历史故事、展示乡村传统节日、介绍乡村特色产业等方式。

1. 乡村历史故事

通过深入挖掘乡村的历史，讲述乡村的传奇故事、英雄传记或乡村特有的传统文化，展示乡村独特的历史底蕴。这可以增加观众的兴趣，让他们更好地了解乡村的过去和现在。

2. 乡村传统节日

每个乡村都有自己独特的传统节日，可以以这些传统节日为主题，展示乡村的民俗风情和节日庆典。通过记录节日活动、展示传统服饰、演绎传统习俗等方式，将乡村的独特文化传递给观众。

3. 乡村特色产业

乡村常常以特色产业著称，如农业、手工艺、特色美食等。可以以乡村特色产业为主题，介绍乡村的农业生产过程、特色产品以及乡村经济的发展。通过展示乡村的特色产业，可以向观众展示乡村的发展潜力和经济活力。

4. 自然风光和生态保护

乡村常常拥有丰富的自然资源和美丽的自然风光。可以以乡村的自然风光和生态保护为主题，展示乡村的优美环境、生物多样性以及生态保护的努力和成果。这不仅可以展示乡村的自然之美，还可以呼吁观众关注和保护环境。

通过选择和展示这些主题，乡村文旅品牌可以深入挖掘本土要素，展示乡村的独特魅力和价值，让观众更好地了解和认识乡村。同时，结合本土要素的短视频内容也能够打造出与众不同的品牌形象，提升乡村文旅品牌的竞争力和吸引力。

（四）注重内容的连贯性

在选择乡村文旅品牌的短视频内容主题时，确保内容的连贯性是很重要的。连续的系列主题可以帮助观众持续关注乡村文旅品牌，同时可以深入展示乡村的多个方面，进一步丰富品牌形象和吸引观众的兴趣。

保持内容的连贯性有以下几个方面的扩展。

1. 系列故事和主题延续

乡村文旅品牌可以选择一个连续的系列故事或主题，将多个短视频内容串联起来。这样可以在每个视频中继续展开上一个视频的故事线索或主题延伸，让观众跟随故事的发展和主题深入了解乡村的各个方面，增加观众的连续关注和好奇心。

2. 视觉风格和剧情一致

在制作连续的短视频内容时，保持视觉风格和剧情的一致性也是很重要的。通过统一的拍摄手法、剪辑风格和配乐，营造出连贯的视觉和情感体验，使观众在不同的短视频中感受到品牌的连贯性和专业性。

3. 主题互补和内容延伸

连续的短视频内容主题可以互相补充和延伸。例如，第一个视频介绍乡村的历史文化，第二个视频可以延伸讲述乡村的传统节日，第三个视频则可以展示乡村的特色产业。这样的连贯主题可以为观众提供更全面和深入的乡村文旅体验，增加他们的兴趣和参与度。

4. 观众参与和互动

连续的短视频内容主题还可以鼓励观众参与和互动。通过与观众互动、征集意见或设立系列故事的解谜环节，可以增加观众的参与感和对连贯性的期待，进一步提升品牌与观众的互动体验。

通过注重内容的连贯性，乡村文旅品牌可以持续吸引观众的关注，让他们更深入地了解和关注乡村的多个方面。同时，连贯的短视频内容也有助于塑造品牌的形象和认知度，在竞争激烈的市场中脱颖而出。

二、内容风格的塑造

内容风格的塑造在短视频制作中扮演着关键角色。对于乡村文旅品牌而言，塑造独特的内容风格可以帮助其区别于其他品牌，形成独特的品牌语言。

（一）视觉美学

短视频的视觉美学在乡村文旅品牌的展示中起重要作用。通过充分利用乡村的自然景观、建筑风貌、人文活动等元素，精心选择色彩搭配和摄影构图，可以展现乡村独特的美感，吸引观众的眼球并与观众产生情感共鸣。

在乡村文旅品牌的短视频中，色彩是一个重要的视觉元素。可以根据不同的主题和情感氛围选择合适的色彩搭配：温暖的色彩（如橘黄、淡黄等）可以展现乡村的温馨和宁静；自然的色彩（如绿色、蓝色等）可以突出乡村的自然环境和生态特色。通过恰当的色彩运用，可以加强观众对乡村的情感共鸣和美感体验。

构图是另一个重要的视觉要素，影响画面的组织和观看效果。在乡村文旅品牌的短视频中，可以选择不同的构图方式来突出乡村的美感。例如，运用对称构图展现乡村的庄重和稳定感；运用逆光构图突出乡村的朝气和光影效果；运用大视角构图展示乡村的辽阔和壮丽。通过精心的构图设计，可以增强画面的冲击力和吸引力。

此外，摄像技巧也是展现乡村美感的重要手段。通过运用稳定器、移动拍摄等技巧，可以创造出流畅的画面效果，增强观众的观赏体验。同时，注重镜头运动、焦点调节和角度选择等技术细节，可以更好地展现乡村的细节和特色，使短视频更具视觉吸引力和专业性。

乡村文旅品牌的短视频在视觉美学方面可以通过选择合适的色彩搭配、构图设计和摄像技巧等手段，展现乡村的独特美感和魅力。这不仅可以吸引观众的关注，还可以通过视觉的美感营造出与众不同的品牌形象，提升乡村文旅品牌的知名度和吸引力。

（二）配乐选择

配乐在短视频中扮演着重要角色，能够加强观众对视频内容的情感共鸣和体验。对于乡村文旅品牌的短视频，选择合适的配乐可以进一步突出主题和风格，为观众营造出相应的氛围和情感体验。

在选择配乐时，乡村文旅品牌应考虑以下几点。

1. 主题和风格一致

配乐的选择应与视频的主题和风格相符合。如果短视频想展示乡村的宁静和自然之美，可以选择轻松、优美、平静的音乐，如轻音乐、古典音乐或自然声音。这样的配乐能够传递出宁静、舒缓的情感，与乡村的氛围相呼应。如果展示的是乡村节日的热闹气氛，可以选择欢快、活泼的音乐，如民俗音乐、乡村音乐或节庆音乐，以增强视频的热闹氛围和喜庆感。

2. 情感共鸣和引导

配乐应能够引导观众的情感反应，并与视频内容相呼应。选择能够与观众产生情感共鸣的音乐，可以加强观众对乡村文旅品牌的情感联结。例如，在展示乡村的温馨家庭生活时，选择温暖、亲切的音乐，能够引发观众对家庭温暖的回忆和情感共鸣。

3. 艺术性和版权合规

在选择配乐时，应注意保证音乐的艺术性和版权合规。乡村文旅品牌可以选择原创音乐、授权音乐或免版权音乐，以确保在法律和道德规范范围内使用音乐。此外，还可以根据具体场景和需要，在适当的时候添加音效来增强视频的真实感和吸引力。例如，可以添加乡村自然声音、人声或特定场景的声音效果，以增强观众的沉浸感和亲近感。通过选择合适的配乐，乡村文旅品牌可以进一步营造出与视频内容相匹配的情感氛围，引导观众的情感体验，增强短视频的吸引力和影响力。

（三）剪辑技巧

剪辑技巧在乡村文旅品牌的短视频制作中起重要作用，可以通过巧妙的剪辑手法使视频内容更具吸引力和视觉冲击力。

1. 快慢镜头

通过加快或减慢镜头速度，可以给视频带来动感和视觉冲击力。快速镜头可以用于展示乡村的忙碌活力或活动的高潮部分，而慢速镜头则可以用于展现乡村的宁静和细腻之处。快慢镜头的运用可以使视频更加生动有趣，吸引观众的注意力。

2. 特效和过渡效果

特效和过渡效果是剪辑中常用的技巧，可以为视频增添独特的视觉效果和转场效果。例如，可以使用淡入淡出效果来平滑过渡不同场景之间的转换，或者使用分割屏效果来展示多个角度或内容的对比。特效和过渡效果的巧妙运用可以使视频更富有创意和艺术性。

3. 音频剪辑

音频在剪辑中也起重要作用，可以通过音频剪辑来增强视频的氛围和情感。例如，可以在关键场景中添加音效或音乐的高潮部分，以突出重要内容的表现力。此外，合理的音频剪辑还可以帮助调节视频的节奏和情绪，营造出更好的观看体验。

4. 素材的选择和排列

在剪辑过程中，合理选择和排列素材也是非常重要的。要根据视频的主题和内容，选择最具代表性和吸引力的素材，并通过合理的排列组合讲述一个连贯的故事。良好的素材选择和排列可以增强视频的逻辑性和流畅度，使观众更好地理解和体验乡村的魅力。

通过运用各种剪辑技巧，乡村文旅品牌可以将视频制作得更加吸引人和富有创意。剪辑技巧不仅可以增加视频的视觉冲击力和动感，还可以突出展示乡村的独有特色和重要内容，为观众带来更丰富和有趣的观看体验。

三、内容的目标受众分析

理解和分析目标受众是内容创作的重要环节，乡村文旅品牌在制作短视频时，也需要对目标受众进行深入研究和分析。

（一）年龄

不同年龄层次的观众对短视频内容的接受度和喜好有显著差异。例如，年轻观众可能更喜欢活力、潮流的内容，而中老年观众可能更倾向于选择传统文化和纪实类内容。理解不同年龄层次观众的特性，可以帮助品牌制作出更贴近观众需求的内容。

（二）性别

男性和女性观众可能对不同类型的内容有不同的喜好。例如，女性观众可能更喜欢情感丰富、细腻的内容，男性观众可能更偏爱冒险、实用的内容。乡村文旅品牌需要考虑性别因素，以便制作出更符合观众口味的内容。

（三）职业

职业背景也会影响观众的兴趣和需求。例如，从事知识性工作的观众可能对文化历史、学术知识等内容感兴趣，而从事户外工作的观众可能更喜欢与自然、冒险等相关的内容。乡村文旅品牌需要了解目标受众的职业背景，以提供更符合他们需求的内容。

（四）兴趣

了解观众的兴趣爱好，可以帮助乡村文旅品牌更精准地定位内容。例如，如果目标受众对摄影、旅行、美食等方面感兴趣，乡村文旅品牌可以相应地调整内容设计，比如加入更多的旅行指南、美食分享、摄影技巧等内容。

四、内容的市场调研

内容的市场调研在乡村文旅品牌的短视频制作中扮演着至关重要的角色。其主要表现方式如下。

（一）市场动态

市场动态是指了解当前市场的发展趋势和变化情况。对于乡村文旅品牌的短视频制作而言，了解市场动态对于把握受众需求、提供有针对性的内容至关重要。

在市场动态的调研中，需要关注以下几个方面的内容。

1. 社会和文化趋势

了解当前社会和文化的发展趋势对于制定内容策略非常重要。例如，可持续发展和环保意识的兴起、健康生活方式的追求、文化多元化

的重视等都是当前社会和文化趋势的一部分。乡村文旅品牌可以了解这些趋势，并将其融入短视频内容，与受众产生共鸣。

2. 热门话题和讨论点

关注当前的热门话题和讨论点，可以帮助乡村文旅品牌制作出更具吸引力和时尚感的短视频内容。例如，某个时期可能流行的旅行目的地、美食文化、户外活动等，都可以成为短视频制作的切入点，吸引更多观众的关注和参与。

3. 目标受众需求

了解目标受众的需求和喜好是成功制作短视频的关键。通过市场调研，可以了解受众的兴趣爱好、观看习惯、需求偏好等信息，从而有针对性地制作内容。例如，如果目标受众更喜欢有趣的互动内容，乡村文旅品牌可以设计一些互动环节或者参与式的体验，增加观众的参与感。

市场调研可以通过多种方式进行，包括分析市场报告和数据、参与行业展会和研讨会、进行在线调查和访谈、观察竞争对手的表现等。通过深入了解市场动态，乡村文旅品牌可以更好地把握受众需求，制作出更受欢迎且具有竞争力的短视频内容。

（二）竞品分析

市场调研在乡村文旅品牌的短视频制作中扮演着重要角色。首先，了解市场动态是市场调研的关键方面之一。乡村文旅品牌需要了解当前的社会和文化趋势，例如可持续发展和环保意识的兴起，以及流行的热门话题和讨论点。乡村文旅品牌应把握市场趋势，并将这些主题融入短视频内容，与受众产生共鸣。此外，调研目标受众需求也是必要的。通过了解受众的兴趣爱好、观看习惯和需求偏好，乡村文旅品牌可以有针对性地制作内容，提供更吸引人的短视频体验。

其次，竞品分析也是市场调研的重要环节。乡村文旅品牌需要分析竞争对手的表现和策略，包括内容主题、风格、发布频率和受众反应等。通过对竞争对手的研究比较，乡村文旅品牌可以发现自身的差异化点，避免雷同和重复，提升竞争力。竞品分析还可以揭示竞争对手的受众喜好和互动情况，从而为乡村文旅品牌提供有关观众反应的洞察，以在短视频制作中做出相应改进。

市场调研在乡村文旅品牌的短视频制作中具有重要作用。通过了解市场动态，乡村文旅品牌可以把握受众需求和趋势，制作出更具吸引力和引发观众产生共鸣的内容。同时，竞品分析帮助乡村文旅品牌发现自身的优势和改进空间，提升差异化和竞争优势。这些调研活动有助于乡村文旅品牌在激烈的市场竞争中脱颖而出，吸引更多观众关注和参与。

（三）行业发展趋势

行业发展趋势是指整个行业在技术、市场和消费者需求等方面的变化和发展方向。对于乡村文旅品牌的短视频制作而言，了解行业的发展趋势可以帮助他们保持竞争力并与时俱进。

1. 技术创新和应用

观察行业内的技术创新和应用是了解发展趋势的关键。例如，随着技术的进步，行业可能朝着更先进的影像技术，如 360 度视频或虚拟现实发展。乡村文旅品牌可以关注这些技术趋势，并考虑如何将其应用于自己的短视频制作中，提升观众体验和吸引力。

2. 用户行为和消费习惯

了解用户行为和消费习惯的变化对于制定内容策略至关重要。例如，随着移动设备的普及和社交媒体的流行，观众可能更倾向于在移动设备上观看短视频，喜欢与内容互动和分享。乡村文旅品牌可以根据这些变化，优化短视频的格式和交互方式，提供更符合观众需求的内容。

3. 新兴市场和机会

关注新兴市场和机会可以帮助乡村文旅品牌发现新的发展空间。例如，随着乡村旅游的兴起，乡村文旅品牌可以探索如何结合当地特色和文化，创作出独特的短视频内容，吸引更多游客的兴趣和参与。

行业发展趋势的调研可以通过多种方式进行，包括参与行业会议和研讨会、阅读行业报告和研究，以及与行业内的专业人士交流和合作等。通过了解整个行业的发展趋势，乡村文旅品牌可以及时调整自身的

策略和方向，抓住机遇，保持竞争优势，并在短视频制作中提供与行业发展相适应的内容。

（四）市场机会

市场调研还可以帮助乡村文旅品牌发现新的市场机会，开拓潜在的增长空间。通过调研，品牌可以发现一些尚未被充分开发的主题或者新的受众群体。

1. 未被充分开发的主题

市场调研可以揭示尚未被充分开发的主题，能为乡村文旅品牌提供新的创作方向和短视频内容主题。例如，通过了解受众的兴趣和需求，品牌可以发现某些特殊的乡村旅游体验、文化活动或当地传统，这些主题可能具有吸引力，但在市场上尚未得到充分关注。通过深入挖掘和制作相关内容，乡村文旅品牌可以开拓新的市场领域。

2. 新的受众群体

市场调研可以帮助乡村文旅品牌发现新的受众群体，从而拓展受众基础。通过分析目标受众的特征和偏好，品牌可以发现一些潜在的市场机会。例如，市场调研可能表明，在城市生活中压力和焦虑日益加剧的情况下，有更多的人开始关注乡村旅行和休闲度假。乡村文旅品牌可以将重点放在这一受众群体上，制作相关的短视频内容，以吸引他们的注意并满足其需求。

市场机会的发现需要利用综合的市场调研方法获得，包括定性和定量的调查、消费者行为分析、观察竞争对手和行业趋势等。通过了解市场机会，乡村文旅品牌可以在短视频制作中抓住新的商机，满足不同受众的需求，增强品牌的竞争力和市场地位。同时，不断探索市场机会也能帮助品牌保持创新和活力，适应市场的变化和发展。进行深入的市场调研可以帮助乡村文旅品牌更好地理解市场环境，从而在制作短视频内容时做出更明智的决策。

五、内容的创新性与独特性

乡村文旅品牌力的提升，离不开内容的创新性与独特性。创新性表现在持续探索新的主题、新的表现手法、新的叙事方式等。独特性则体现在巧妙利用乡村的自然风光、历史文化、民俗活动等独有元素，创造出别具一格的短视频内容。这种创新性和独特性，将有助于品牌在众多的乡村文旅品牌中脱颖而出。

（一）创新性

1. 主题创新

乡村文旅品牌在短视频制作中的主题创新是保持内容创新性的重要方法。除了传统的乡村生活、手工艺等主题，品牌可以通过探索新的主题来吸引观众的兴趣和关注。这种创新能够为品牌带来多样化的内容，并增强在竞争激烈的市场中的差异化竞争优势。

关注环保实践是一种主题创新的方式。随着环保意识的增强，乡村文旅品牌可以通过短视频展示乡村地区的可持续发展措施、生态保护项目或循环经济实践等。观众对于环保问题的关注度不断提升，这种主题的短视频能够吸引他们的兴趣，并传递可持续发展的价值观。通过展示乡村地区的环保倡议和创新做法，乡村文旅品牌可以树立环保意识的形象，并与关注环境保护的观众产生共鸣。

乡土教育也是一种主题创新方式。乡村地区常常具有独特的历史、文化和教育资源。乡村文旅品牌可以通过短视频介绍乡村学校、传统文化传承、农耕知识等，展示乡村地区丰富的乡土教育资源。这种主题的短视频可以通过讲故事和展示乡村教育的魅力，让观众更加了解乡村地区的文化底蕴和教育价值。乡村文旅品牌通过这种主题的创新，不仅能够吸引对乡土教育感兴趣的观众，还能够促进乡村地区的教育发展。

创新农业也是一个引人注目的主题创新方向。现代农业在乡村地区发生了许多创新变革，如有机农业、农业科技和农产品加工等。乡村文旅品牌可以通过短视频展示农业创新的案例和成功故事，传递农业可持

续发展的重要性。这种主题的创新可以激发观众对乡村农业的兴趣，并推动乡村地区的农业发展。乡村文旅品牌通过展示创新农业的主题，不仅能够吸引农业从业者和农村爱好者的关注，还能够帮助提高公众对乡村农业的认知和认可度。

乡村文旅品牌在短视频制作中的主题创新对于保持内容创新性和吸引力至关重要。通过关注环保实践、乡土教育和创新农业等新主题，乡村文旅品牌可以开拓市场，吸引更多观众的关注和参与。这种创新不仅能够增强品牌的竞争力，还能够为乡村地区带来更多的发展机遇和推动力量。在创作过程中，乡村文旅品牌应该通过市场调研和受众反馈来了解观众的兴趣和需求，以确保创新的主题与观众的喜好相符，并实现与观众的有效互动。

2. 表现手法创新

短视频的表现手法对于乡村文旅品牌吸引观众的效果至关重要。乡村文旅品牌可以通过创新的拍摄技术、剪辑方法和引入新的技术元素来提升短视频的吸引力和观赏体验。首先，采用不同的拍摄技术可以增加视觉冲击力和沉浸感，如运动相机的动态追踪拍摄、无人机航拍展示乡村美景等。这些创新的拍摄技术可以让观众更好地感受乡村的魅力和美好。其次，剪辑方法的创新也能够提升短视频的观赏性和故事性。通过运用快速剪辑和跳跃切换的手法或非线性叙事的剪辑方式，乡村文旅品牌可以打造更富有活力、节奏感和吸引力的短视频内容。最后，引入新的技术元素如虚拟现实（VR）、增强现实（AR）等，能够为观众带来全新的观影体验。通过利用 VR 技术，观众可以身临其境地感受乡村文旅目的地的真实氛围；而 AR 技术的运用则可以在视频中添加互动元素，增加观众的参与感和娱乐性。通过创新的表现手法，乡村文旅品牌可以提升短视频的吸引力，吸引更多观众的关注和参与。

在采用新的技术元素和表现手法时，乡村文旅品牌也需要注意保持内容的质量和可理解性。创新是重要的，但不能过于追求技术而忽视观众的接受程度。品牌应该确保短视频内容能够与观众产生共鸣，传递清晰的信息和体验。因此，创新表现手法的同时，乡村文旅品牌需要找到创新与观众接受度之间的平衡点，确保短视频内容在技术创新的同时能够满足观众的期望和需求。通过精心选择和应用创新的表现手法，乡村文旅品牌能够提升短视频的吸引力，吸引更多观众的关注，并在观众心中留下深刻印象。

3. 叙事方式创新

叙事方式的创新对于乡村文旅品牌短视频的观赏价值至关重要。通过创新的叙事方式，乡村文旅品牌可以更好地展示乡村的风土人情、历史文化等内容，增加短视频的吸引力和观众的参与度。

一是以故事的形式来展示乡村的风土人情。通过打造有情节、有角色、有发展的故事，乡村文旅品牌可以更好地引发观众的情感共鸣。例如，通过展示乡村中的故事人物、生活经历和与乡村相关的情感纠葛，乡村文旅品牌可以让观众更加深入地了解乡村的文化和生活方式。这种叙事方式能够赋予短视频更强的情感和故事性，吸引观众的关注并让他们更加投入其中。二是以影片的形式来展现乡村的历史文化。通过采用影视化的手法，乡村文旅品牌可以将乡村的历史、传统和文化元素融入短视频。例如，通过采用镜头语言、配乐、画面构图等影视技巧，将乡村的古老传说、历史事件或传统节日呈现给观众，让他们感受到乡村的独特魅力和深厚底蕴。这种叙事方式可以为观众带来更具有艺术感和震撼力的观影体验，激发他们对乡村文化的兴趣和探索欲望。

通过创新的叙事方式，乡村文旅品牌可以增加短视频的观赏价值和影响力。在选择叙事方式时，品牌需要考虑观众的接受度和情感共鸣，确保内容能够与观众产生共鸣和深层联结。此外，合理运用影视技巧和创意手法，能够增加短视频的艺术性和吸引力。通过叙事方式的创新，乡村文旅品牌可以打造独特的短视频内容，吸引更多观众的关注，并在观众心中留下深刻印象。

（二）独特性

1. 利用乡村独特的自然风光

乡村通常拥有独特且美丽的自然风光，如秀美的田园风光、古朴的

村落、四季变幻的自然景色等。这些元素可以成为短视频内容的重要组成部分，增加观众的观看体验。

2. 展示乡村的历史文化

乡村往往承载着丰富的历史文化，比如古老的建筑、传统的工艺、历史的传说等。可以深度挖掘这些历史文化元素，形成短视频的独特内容。

3. 利用乡村的民俗活动

乡村的民俗活动通常具有浓厚的地域文化特色，如乡村的传统节日、民俗表演、民间风俗等。可以将这些元素巧妙地融入短视频内容，增强内容的独特性和吸引力。

在此基础上，乡村文旅品牌还可以通过创新的叙事方式和表现手法进一步增强内容的独特性，如通过故事化的叙事方式，将乡村的自然、历史和民俗等元素融为一体，以独特的角度和视角，展现乡村的魅力。这将有助于乡村文旅品牌在众多的短视频内容中脱颖而出，进一步提升品牌的影响力和吸引力。

第二节 短视频赋能乡村文旅品牌力的内容创新

一、短视频内容的创新理念

短视频内容的创新理念旨在通过对传统乡村文旅资源的新颖诠释和独特视角的提炼，打造具有吸引力和影响力的内容形式。这种创新理念强调将乡村的自然风光、历史文化和民俗活动等元素融入短视频内容。通过捕捉乡村的美丽景色、独特建筑、传统工艺等，乡村文旅品牌可以创造出让观众心驰神往的视觉盛宴。

创新理念也注入现代元素和观众视角，以使内容更富有现代感和吸引力。乡村文旅品牌可以运用先进的拍摄技术和剪辑手法，展示乡村地区的魅力，并与观众产生情感共鸣。通过运用现代音乐、流行元素或互动性强的剪辑方式，品牌可以吸引年轻观众的关注，并激发他们对乡村文旅的兴趣。短视频内容的创新理念也注重情感的传递和故事的讲述。通过深入挖掘乡村故事，品牌可以创造出具有情感共鸣的内容。通过展示当地居民的生活故事、社区互助精神的传承或乡村活动的欢乐氛围，品牌可以让观众更加亲近乡村的人文情怀。

短视频内容的创新理念要求在传承乡村传统的同时，注入新鲜元素，以满足观众的多元化需求。通过创新理念的引导，乡村文旅品牌可以打造出既本土化又具有普遍吸引力的内容形式，从而吸引更多观众关注和参与。同时，创新理念也需要与观众保持密切互动，不断了解观众的喜好和反馈，以不断优化短视频内容，提升观众的观赏体验。通过创新理念的运用，短视频内容可以成为传播乡村文旅魅力的重要工具，促进乡村旅游的发展和推广。

二、短视频内容的创新形式

短视频内容的创新形式涵盖了多个方面，包括创新的拍摄手法、编辑方式、视觉设计以及音乐配乐等。这些创新形式可以大大提升短视频的观赏价值和吸引力，为观众带来全新的观看体验。

一种创新形式是运用新技术，如航拍、虚拟现实（VR）、增强现实（AR）等。航拍技术可以从空中俯瞰乡村地区，展示出独特的鸟瞰景观，给观众带来全新的视角和震撼的视觉体验。而通过虚拟现实和增强现实技术，观众可以沉浸式地体验乡村的美景和文化，与视频内容互动，增强观看的参与感和娱乐性。

另一种创新形式是通过创新的剪辑和视觉设计来呈现丰富的内容。通过快速剪辑、跳跃切换和平滑过渡等手法，可以在短时间内展示丰富多样的乡村文旅内容，增强观众的观看体验。视觉设计方面，运用富有创意的图形、图标、字幕等元素，可以使视频更加生动、有趣，并传递更清晰的信息。

还有一种创新方式是音乐配乐。适合的音乐可以增强视频的氛围和情感表达，引发观众的共鸣。通过选择恰到好处的背景音乐、音效和音乐节奏，可以有效地营造出与视频内容相契合的情感和节奏感。

通过运用这些创新形式，短视频内容可以以更具创意和创新性的方式展现乡村的魅力。观众可以通过新的视觉体验和交互方式更好地感受乡村的美丽和文化，对乡村旅游产生兴趣和探索欲望。同时，创新形式也为乡村文旅品牌提供了更大的创作空间和市场竞争优势，使其在短视频领域脱颖而出。

三、短视频内容的创新技术

短视频内容的创新技术在提升观看体验和创造吸引人的内容方面发挥了重要作用。运用 AI（人工智能）、AR（增强现实）、VR（虚拟现实）、等技术，可以为短视频带来全新的可能性，提高其吸引力和影响力。

首先，AI 技术的应用可以在短视频制作过程中起到重要作用。智能剪辑是 AI 技术的一项重要应用，通过机器学习和图像识别等技术，可以自动分析、筛选和编辑视频素材，提高制作效率。AI 还可以用于音频处理，如智能配乐和音效生成，使短视频的音频更加生动、有趣。此外，AI 技术还可以对视频内容进行分析和推荐，根据用户的兴趣和喜好提供个性化的推荐内容，增加观众的观看满意度和黏性。

其次，AR 技术在短视频内容创新方面具有巨大潜力。通过将虚拟的图像、文字或动画叠加到现实场景中，AR 技术可以创造出与观众互动的沉浸式体验。在乡村文旅短视频中，AR 技术可以被用来标注乡村景点、解读历史文化，甚至提供导览功能，让观众更加深入地了解乡村地区的特色和魅力。AR 技术还可以通过交互性强的游戏化元素，增加观众的参与感和娱乐性，提升观看体验。

最后，VR 技术能为短视频内容的创新提供强大支持。通过穿戴式设备或虚拟现实眼镜，观众可以沉浸在虚拟的乡村场景中，感受到身临其境的体验。在乡村文旅短视频中，VR 技术可以让观众亲身参观乡村景点、参与传统活动，甚至体验乡村生活的方方面面。这种沉浸式的观看体验可以激发观众的情感共鸣和好奇心，增加对乡村地区的探索欲望。

通过运用AI、AR、VR等创新技术，短视频内容可以呈现出更加引人入胜和丰富多样的形式。观众可以通过这些技术创新更加身临其境地感受乡村的魅力，深入了解乡村的历史文化和民俗风情。此外，技术创新也为乡村文旅品牌提供了更大的创作空间和市场竞争优势，使其在短视频领域取得更加突出的地位。随着技术的不断发展，短视频内容创新将拥有更加广阔的前景和潜力。

四、短视频内容的创新策略

（一）主题选择的独特性

乡村文旅品牌在短视频内容创作中选择非传统的、独特的主题具有重要意义。这种独特性的主题选择不仅可以突破传统观念，引起观众的兴趣和好奇心，还能够传达乡村的独特价值观和特色，使品牌树立独特形象。

聚焦于乡村的可持续农业实践是一种独特的主题选择。通过展示乡村地区的创新农业技术、有机农业模式或农村生态保护措施，乡村文旅品牌可以呈现乡村地区在可持续发展方面的努力和成就。这样的内容能够凸显乡村的环境意识和社会责任感，吸引关注环保、可持续发展话题的观众。

乡村社区的独特文化是另一个独特的主题选择。乡村地区通常有着独特的历史、民俗和传统文化，这些独特的文化元素能够吸引观众的兴趣和好奇心。乡村文旅品牌可以选择展示乡村社区的传统节日、民间艺术表演、传统手工艺制作等内容，让观众深入了解乡村地区的文化魅力。

通过选择这些非传统的、独特的主题，乡村文旅品牌能够赋予短视频内容更加丰富的内涵和深度。这种独特性的主题选择不仅能够满足观众对新鲜和独特内容的追求，还能够让观众更好地了解乡村地区的独特价值和特色。同时，这样的主题选择也为乡村文旅品牌提供了差异化的竞争优势，帮助品牌树立独特形象和市场定位。

在选择独特主题时，乡村文旅品牌需要考虑观众的接受程度和市场需求。主题选择应该基于对目标观众群体兴趣和需求的深入了解，并与品牌的定位和价值观相一致。通过综合考虑独特性与观众的接受程度，乡村文旅品牌可以打造出吸引人的短视频内容，提升品牌的影响力和市场竞争力。

（二）品牌形象的塑造

乡村文旅品牌的短视频在塑造品牌形象方面起着关键作用。通过统一且独特的视觉风格，品牌可以在短视频中营造出一种与品牌相关的识别感。这可以通过选择一致的色调、视觉元素、字体等来实现。统一的视觉风格能够让观众在观看短视频时立即联想到品牌，加强品牌的形象和辨识度。

除了视觉风格，品牌的故事和价值观也可以通过短视频来体现，进一步强化品牌形象。通过讲述品牌的故事、背后的创立动机和品牌的核心价值观，乡村文旅品牌可以与观众建立情感联结，并传达出品牌的独特性和诚信度。这可以通过短视频的叙事方式、情感表达、角色塑造等元素来实现。通过让观众与品牌的故事产生共鸣，品牌形象在观众心中得到进一步强化，建立信任和好感。此外，音乐选择也是品牌形象塑造中的重要一环。通过选择适合品牌形象的音乐，可以进一步营造出与品牌形象相符的氛围和情感。音乐具有情感表达的力量，能够触动观众的情绪和感受，使观众与品牌产生共鸣。因此，在短视频中选择与品牌形象一致的音乐，可以加强观众对品牌的记忆和认知。

通过统一且独特的视觉风格、品牌故事的讲述以及音乐选择，乡村文旅品牌可以塑造出鲜明的品牌形象。这种形象不仅能够帮助品牌在市场中与竞争对手区分开来，还能够增强观众对品牌的认知和记忆。同时，塑造品牌形象也需要与品牌的核心价值观和定位相一致，保持一致性和真实性。通过持续地在短视频中体现品牌形象，乡村文旅品牌可以加强与观众的联系，建立稳固的品牌认知和忠诚度。

（三）观众互动的开展

观众互动在乡村文旅品牌的短视频营销中具有重要作用。通过短视频平台的互动功能，乡村文旅品牌可以与观众建立联系，并促使观众积极参与，从而增强品牌的影响力和参与度。

乡村文旅品牌可以在短视频中提出问题，并要求观众在评论或私信中回答。这样的活动不仅能够吸引观众的注意力，还可以激发他们的参与欲望。通过设立奖品或奖金，品牌可以进一步激励观众积极参与，并与他们建立更紧密的互动关系。这种互动形式不仅能够增加品牌与观众的互动次数，还能够提高观众对品牌的关注度和认知度。此外，视频挑战也是一种观众互动方式。乡村文旅品牌可以提出一系列挑战性的任务或游戏，并要求观众在短视频中参与录制和分享。观众可以在回应视频中展示自己对乡村文旅的理解、体验或创意，从而与品牌形成更直接的互动。这种形式的观众互动不仅能够增加观众的参与度，还能够扩大品牌的影响范围。同时，观众之间的互相观看、评论和分享也能够加强观众之间的互动和社群感，为品牌形象的建立提供有力支持。

通过观众互动的开展，乡村文旅品牌能够与观众建立更加紧密的联系，并增强品牌的影响力和认知度。观众的积极参与和互动不仅能够提高品牌的曝光度，还能够帮助品牌获得更多的用户反馈和意见。这种双向互动不仅能够加强品牌与观众之间的信任和亲近感，还能够为品牌的发展和创新提供宝贵的参考和动力。通过持续开展观众互动，乡村文旅品牌可以建立稳固的粉丝基础，提升品牌的影响力和市场竞争力。

（四）内容设计的故事化和情感化

通过故事化和情感化的内容设计，乡村文旅品牌可以更好地与观众建立情感联系，深化品牌的影响力和认同度。

故事化的内容设计是将乡村的历史、传统文化或乡村人物的生活故事融入短视频，以引发观众的共鸣和情感联结。通过讲述一个有情节和发展的故事，品牌可以吸引观众的注意力，让观众产生更深入的参与感和投入感。例如，可以通过讲述一个乡村人物的成长故事，展现乡村地区的坚忍精神和传统文化的传承。这样的故事不仅能够吸引观众的情感关注，还能够加深他们对乡村文旅品牌的印象和认同。情感化的表达方式是通过情感化的音乐、画面表现、文字叙述等手法来打动观众。音乐是一种情感表达的强大工具，通过选择适合场景和情感的音乐，可以增强视频的情感共鸣和观赏体验。画面表现和文字叙述也是情感化的重要手段，可以通过细腻的画面呈现和情感充沛的文字叙述，让观众更好地感受到乡村的美丽、温暖和独特魅力。

通过故事化和情感化的内容设计，乡村文旅品牌能够深化与观众之间的情感联系，触动观众的心灵。观众在观看短视频时能够通过情节和情感的共鸣，更深入地了解乡村的魅力和价值。这种情感联系能够加深观众对品牌的认知和忠诚度，同时为品牌树立更加深入人心的形象。

在故事化和情感化的内容设计中，乡村文旅品牌需要保持真实性和原创性。故事要与乡村的实际情况相符合，避免过度夸张和虚构。同时，情感化的表达也要符合品牌的核心价值观和形象定位。通过持续地在内容设计中体现故事化和情感化的手法，乡村文旅品牌可以与观众建立情感纽带，提升品牌的影响力和市场竞争力。

五、短视频内容的创新效果评估

创新是一个持续的过程，需要经过实践和反馈才能逐步完善。因此，对创新效果的评估非常重要。短视频内容的创新效果评估可以从以下几个方面进行。

（一）数据指标分析

数据指标分析在短视频赋能乡村文旅品牌力的内容创新效果评估中具有核心地位。这些数据可以明确、直观地反映短视频的市场表现，帮助人们了解短视频在观众中的影响力和受欢迎程度。

1. 观看量

这是一个基础但至关重要的指标，因为它能直接反映视频能吸引多少人点击观看。如果一个短视频的观看量很高，那么说明这个视频的主题、内容或者形式在一定程度上吸引了不少观众。反之，如果观看量较低，可能需要从主题选择、内容设计、表现手法等方面考虑优化。

2. 点赞量

点赞量是评估观众对视频内容认可度的重要指标。如果观众觉得视频内容有价值，或者感到愉快、感动，他们可能会给视频点赞。因此，点赞量高的视频通常内容质量较高，或者触动了观众的情感。

3. 分享量

分享量是衡量短视频影响力的另一个关键指标。如果观众将视频分享到其他平台或者与他人分享，说明他们认为这个视频值得更多的人看到。因此，分享量的多寡可以反映视频内容的传播力，对评估短视频赋能乡村文旅品牌力的效果具有重要意义。

4. 评论量

评论量和评论内容可以反映观众对视频的评价和反馈。评论可以给人们提供观众对视频内容、主题、表现方式等方面的直接意见，有助于人们了解哪些地方做得好，哪些地方需要改进。

（二）观众反馈关注

除了关注数据指标外，品牌还需要积极收集观众的反馈，包括点赞、评论、转发、分享以及直接的建议和意见。通过对观众反馈的收集和分析，品牌可以了解观众对短视频内容的真实感受，从而对内容进行适当调整和优化，提升内容创新的效果。

观众的点赞、评论和转发等互动行为可以反映观众对短视频内容的喜好和兴趣。品牌可以关注观众的点赞数量和评论内容，了解哪些内容更受观众青睐和认可。这些反馈可以帮助品牌识别出受欢迎的主题、叙事方式和表现手法，为未来的内容创作提供指导。此外，转发和分享行为也是观众对内容的认同和推荐，品牌可以通过分析转发和分享的数量和方式，了解观众对内容的认可程度和传播力度。观众的直接建议和意见可以提供有价值的反馈和改进方向。观众可能在评论中提出建议、提问或表达意见，品牌需要认真倾听并及时回应。这些直接的反馈可以揭

示观众的期望、需求和疑虑，帮助品牌更好地了解观众群体，并根据观众的需求进行相应调整和改进。品牌可以将观众的反馈作为改进的动力和指引，持续提升内容的质量和创新程度。

通过收集和分析观众的反馈，乡村文旅品牌可以对内容创新的效果进行评估。品牌可以根据观众反馈的积极和消极之处，对短视频的内容主题、叙事方式、表现手法等进行评估。观众的反馈可以为品牌的创新和改进方向提供依据，帮助品牌更好地满足观众的需求和期望，提供更具吸引力和影响力的内容。

需要强调的是，观众反馈的收集和分析应该持续进行，并与品牌的内容创作过程相结合。通过与观众保持沟通和互动，乡村文旅品牌可以与观众建立更紧密的关系，增强观众的参与感和忠诚度。观众的反馈不仅是品牌成功的重要指标，也是品牌与观众之间的信任和连接的基石。通过不断地倾听观众的声音，乡村文旅品牌可以持续提升短视频内容的创新效果，获得更大的品牌影响力和市场竞争力。

（三）长期跟踪观察

长期跟踪观察是评估内容创新效果的重要手段，它可以帮助乡村文旅品牌了解内容创新的实际效果，并找到更有效的创新策略。

品牌可以设置一系列的内容实验来评估创新效果。通过在不同时间段或不同目标受众群体中发布不同类型的短视频内容，品牌可以收集实验前后的数据，并进行对比分析。这些数据可以包括观看次数、观众留存率、互动行为等指标。通过对比实验组与对照组的数据变化，品牌可以评估不同内容创新策略的效果。例如，可以比较故事化内容和非故事化内容的观看率和互动行为，以确定故事化内容是否更吸引观众。品牌需要持续跟踪观察内容创新的长期效果。内容创新的效果并非一蹴而就，而是需要经过一段时间的观察和分析。品牌可以定期收集和比较数据指标，并观察观众反馈的变化趋势。通过长期跟踪观察，品牌可以了解不同内容创新策略的持续影响力和长期效果。同时，也有助于发现观众对内容的偏好和需求变化，为品牌的内容创新提供持续的改进方向。

在进行长期跟踪观察时，乡村文旅品牌应该根据品牌的核心价值观和目标受众的特点来确定评估的指标和方法。不同的品牌和目标受众可能关注不同的数据指标和评估维度。例如，对于注重社交媒体影响力的品牌，关注转发和分享的数据指标可能更为重要；而对于注重用户参与的品牌，关注评论和互动行为的数据指标可能更具价值。根据品牌的定位和目标，品牌可以选择适合自身的评估方法和指标，以确保评估的准确性和有效性。

通过长期跟踪观察，乡村文旅品牌可以更好地了解内容创新的实际效果，并持续优化创新策略。这种跟踪观察的实践可以帮助品牌更加深入地了解观众的喜好和需求变化，从而提供更具吸引力和影响力的短视频内容，进而增强品牌在乡村文旅领域的竞争力和占据更多的市场份额。

第三节　短视频赋能乡村文旅品牌力的内容叙事

一、短视频叙事的重要性

叙事是连接视频内容与观众的桥梁，通过有序、连贯的故事线索，引导观众理解和感知内容。短视频叙事在乡村文旅品牌推广中有重要作用，具体体现如下。

（一）传递信息和情感

短视频叙事通过精美的画面呈现和摄影技巧的运用，展示乡村的自然风光和独特美景，给观众带来视觉上的冲击和享受。色彩、画面构图等手法可以让观众更直观地感受乡村的独特魅力，激发他们的好奇心和探索欲望。短视频叙事可以在视频中编排情节和人物形象，将乡村的人文历史、文化传统等信息融入故事。观众在欣赏视频的同时，更深入地了解乡村的背后故事。精心设计的情节能够引发观众的情感共鸣，让他

们对乡村的价值观、生活方式等产生认同感和情感联系。短视频叙事的背景音乐和声效的选择能够营造出适合场景的氛围，加强视频的情感表达。音乐的旋律、节奏以及声效的运用可以引导观众的情绪，增强观看体验，使观众更加投入和沉浸于乡村的氛围。

另外，通过观众参与与互动传递信息和情感。吸引观众的兴趣和好奇心，鼓励他们主动参与和互动是短视频推广的重要环节。通过设置有趣的情节或引入互动元素，吸引观众留言、点赞、分享等，增加视频的传播范围和影响力。观众的积极参与和互动可以进一步促进品牌与观众之间的互动和沟通。

（二）提高观看完整度

良好的叙事能够吸引观众从头看到尾，增加他们对视频的持续关注，从而提高观看完整度，进而增加乡村文旅品牌的曝光度和影响力。

一个有吸引力的叙事结构能够引发观众的好奇心和兴趣，激发他们继续观看下去的动力。通过合理的故事情节安排、引人入胜的开头和引人注目的高潮，短视频叙事能够吸引观众的注意力并持续引发他们的兴趣。观众会被带入故事中，渴望了解故事的发展和结局，从而愿意一直观看到视频结束。

此外，良好的叙事还可以创造悬念、提供有趣的转折点或展示吸引人的内容，让观众感到期待和好奇。观众希望看到故事的发展和解决方案，这种好奇心和期待会驱使他们继续观看视频，直到故事完结。

通过提高观看完整度，短视频叙事可以确保乡村文旅品牌传递的信息和价值得到更全面、深入的展示。观众观看完整的视频，能够更好地了解乡村的自然风光、人文历史、文化传统等内容，从而加深对乡村的理解和认知。同时，观看完整度的提高也意味着观众对品牌的关注度增加，乡村文旅品牌的曝光度和影响力也会相应提升。

（三）增强记忆点

具有故事性的内容更容易被人们记住，并且在记忆中留下深刻的痕迹。生动的短视频叙事，可以让观众对乡村的自然风光、人文历史、文化传统等形成更为深刻的记忆，从而增强乡村文旅品牌的影响力。短视频叙事能够通过故事情节和人物形象将信息进行整合和组织，使其更具连贯性和可视化，使观众更容易理解和记忆。观众可以通过与故事中的人物和情节产生情感共鸣，将乡村的特色与品牌相关联，从而在记忆中形成有关乡村文旅品牌的印象。短视频叙事还可以通过独特的视觉效果、音乐和声效等元素，刺激观众的感官，进一步加深他们对乡村的记忆。音乐的旋律、色彩的运用以及令人印象深刻的画面，都能够在观众的记忆中留下深刻印象，使他们更容易回忆起乡村的美景和文化。

通过增强记忆点，短视频叙事有助于乡村文旅品牌在观众心中形成鲜明的形象和独特的印象。当观众在未来考虑旅行或文化体验时，更有可能回想起之前观看的短视频，从而选择乡村作为目的地。这种记忆的持久性和影响力对于乡村文旅品牌的推广和长期发展至关重要。

（四）提升互动性

一部好的短视频不仅仅是让观众被动地接收信息，更重要的是能够激发观众的参与和互动。这种互动性可以进一步增加乡村文旅品牌的影响力和曝光度。通过短视频的互动功能，观众可以在评论区分享自己的看法、感受和体验。他们可以提出问题、留下评论，与其他观众互动和讨论，进一步扩展对乡村的讨论和关注范围。这种参与和互动不仅可以增加观众对品牌的关注度，还能为品牌提供反馈和意见，促进品牌与观众之间的互动和沟通。

此外，观众还可以将短视频分享到自己的社交网络平台，如微博、微信朋友圈等，与朋友、家人和粉丝们分享自己的观看体验和观点。这种口碑传播能够进一步扩大乡村文旅品牌的影响力，吸引更多人关注和参与。通过提升互动性，短视频叙事可以让观众成为品牌推广的参与者和传播者。观众的参与和互动扩大了品牌的曝光范围，能帮助品牌吸引更多的关注和兴趣。同时，观众的分享和口碑传播也增加了品牌的可信度和影响力。

（五）创新差异化

短视频叙事为乡村文旅品牌提供了一个展示自身特色和差异化的机会，使其在竞争激烈的市场中脱颖而出。通过独特的故事叙事方式，乡村文旅品牌可以突出自身的特色和魅力。通过创新的叙事手法、角度选择、音效等元素，品牌可以呈现与众不同的视觉和听觉体验，给观众留下深刻印象。独特的故事情节和创意的叙事方式能够突出乡村的独特之处，展示其与众不同的魅力，从而吸引观众的注意力。

此外，短视频叙事还可以通过展示乡村的特色景点、传统文化、独特活动等来展示乡村文旅品牌的差异化。乡村拥有丰富的文化遗产和自然资源，品牌可以通过创新的叙事手法，将这些特色元素融入视频，打造出独特而与众不同的形象。这种差异化的展示有助于品牌在竞争激烈的市场中脱颖而出，吸引更多的目光和关注。通过创新与差异化的短视频叙事，乡村文旅品牌能够突出自身特色，与竞争对手区分开来。观众在众多的选择中会更容易记住和选择独特的品牌，从而增加品牌的知名度和吸引力。创新的叙事方式和差异化的内容能够给观众留下深刻印象，增加他们对乡村文旅品牌的兴趣和关注度。

二、短视频叙事的基本元素

短视频叙事的基本元素可以概括为以下几部分。

（一）角色

角色是故事的核心，他们是故事的主要参与者，可以是人物、动物、自然元素或者抽象的观念。选择和塑造适合的角色可以使故事更加吸引人。角色的行为、态度、情感等方面的描写可以增强观众的共鸣和情感投入。一个鲜明的角色具有独有的特征和目标，经历冲突和成长，引发观众的关注和情感共鸣。通过角色的设定和表现，故事可以更加生动有趣，观众可以更好地理解故事的主题和内涵。

（二）情节

情节是故事的骨架，由起始、发展、高潮和结局组成。一个清晰的情节线可以引导观众持续观看，使他们更加投入和参与故事。情节的起始部分引起观众的好奇心，展示问题或挑战，激发他们继续观看的欲望。随着情节的发展，冲突逐渐加剧，引发紧张和悬念，使观众紧张兴奋。高潮是情节的转折点，会发生最关键的事件或决策。最后，结局给出故事的解决方案，回答观众的疑问，并与观众产生情感共鸣。通过精心构建的情节，故事可以更有吸引力和张力，观众能够更深入地理解故事的主题和意义。

（三）环境

环境是故事发生的时间、地点和文化背景等元素的综合体。它为故事提供了背景和情境，为角色的行为和事件提供了框架。一个好的环境设定可以增加故事的可信度和吸引力。逼真的环境描述可以让观众更容易融入故事，产生代入感。通过细致的描绘，环境可以成为角色的衬托和故事发展的推动力。不同的时间、地点和文化背景会给故事带来独特的氛围和冲突，使故事更加生动有趣。环境的设定对于故事的情节和角色的发展具有重要影响，能够增强观众的沉浸感和情感投入。

（四）冲突

冲突是推动故事发展的关键因素，它是叙事的基本元素之一。冲突可以是角色之间的对立、矛盾或争斗，也可以是角色与环境之间的阻碍或挑战，还可以是角色内心的矛盾和抉择。冲突的存在增加了故事的紧张性、悬念和吸引力，让观众迫切地想要了解故事的发展和解决方案。通过冲突，故事中的角色面临挑战，他们必须努力克服障碍，才能实现目标或解决问题。冲突不仅推动了情节的发展，也展现了角色的性格、动机和成长。一个好的冲突设定可以使故事更具张力，吸引观众的关注，并产生情感共鸣。

（五）主题

主题是故事的核心思想或信息，它贯穿在故事的整个叙事过程，赋予故事深度和意义。主题可以是关于人性、道德、爱情、友情、勇气、成长等方面的思考和探讨。通过故事中的情节、角色以及他们的冲突与发展，表达和体现主题。主题不仅仅是故事的表面意义，更是对人类经验、社会问题或哲学观念的思考和反思。通过深入探索主题，观众可以从故事中获得启示、思考和情感上的共鸣。一个有深度的主题可以使故事更具意义和触动人心，引发观众的思考和讨论。

（六）视点

视点是指故事叙述的角度和方式，决定了观众看到的故事的视角。视点可以是第一人称，即以主角的角度进行叙述，观众能够直接了解主角的思想和感受；也可以是第三人称，以旁观者的角度进行叙述，观众能够客观地观察故事发展。视点的选择会影响观众对故事的理解和感知，不同的视点会给故事带来不同的情感和观看体验。通过恰当的视点选择，可以突出故事的重要性、角色的复杂性以及故事的情感张力，使观众更加深入地了解故事的内涵和主题。视点是叙事中重要的元素之一，能够影响观众对故事的情感联结和情节理解。

在创作短视频时，应综合考虑以上元素，以创造出具有吸引力和感染力的故事，从而提高短视频的观看率和分享率，增强乡村文旅品牌的影响力。

三、短视频叙事的结构设计

短视频叙事的结构设计包括起、承、转、合四个主要部分，这是古老的中国叙事方法，也被广泛应用于现代影视作品。

（一）起

在短视频叙事的结构设计中，起的部分扮演着重要角色。起是故事的开端，它设定了故事的背景、角色和基本情境。在短视频中，起的设计至关重要，因为观众在开始的几秒钟内要决定是否继续观看。在起部分，需要迅速、高效地吸引观众的注意力。这可以通过引人入胜的画面、悬念的抛出或令人感兴趣的问题来实现。起部分应该尽可能地激发观众的好奇心和兴趣，让他们想要继续观看下去。同时，起的部分也可以通过简短的介绍故事背景和角色来帮助观众理解故事的基本情境。通过清晰而简明的叙述，观众对故事的背景和角色会有初步的了解，为后续情节的发展奠定基础。

在短视频叙事中，起的设计需要紧凑而有吸引力，能够迅速抓住观众的注意力，引起他们的兴趣。起的部分是打开故事的大门，为后续情节的发展做铺垫，因此在结构设计中，起部分的精心构思至关重要。

（二）承

在短视频叙事的结构设计中，承是故事的发展部分，它承载着角色和情节的变化与发展。在承部分，角色和情节开始变得复杂，主要事件开始展示，为接下来的转折和冲突进行铺垫。承部分通常会加深观众对角色和故事的理解。角色的动机、目标和内心世界逐渐展现，使观众更加投入和关注。情节的发展也呈现出更多的细节和转折，让观众逐渐了解故事的发展方向和可能出现的冲突。在承部分，可以通过情节的逐渐升级和角色的成长来吸引观众。主要事件的展示和角色之间的相互作用会引发观众的兴趣和紧张感。同时，承部分也为接下来的转折和冲突奠定基础，为故事的高潮部分做好铺垫。

通过精心设计的承部分，短视频叙事可以逐步加深观众对角色和故事的理解，并在情节发展中保持观众的紧张和兴奋感。这一部分的设计需要注意平衡，既要展示足够的信息和发展，又要保持观众的好奇心和期待感，为故事的高潮做好铺垫。

（三）转

短视频叙事结构的第三部分是转，这是故事的高潮部分。转是指突发情况或冲突的出现，它为故事带来紧张和悬念。这部分通常是故事中最紧张、最激动人心的阶段。在转部分，故事会出现一些意外或关键事件，它们会对故事产生重大影响，改变角色的命运或故事的走向。这些转折点可能是观众意想不到的，会给观众带来紧张感和好奇心，让他们迫切地想要了解接下来会发生什么。转部分的设计需要创造紧张的氛围和关键的冲突，引发观众的情感共鸣和投入。这部分的情节发展要有节奏感，让观众体验到紧张的高潮，使故事更加引人入胜。

通过转部分的设计，短视频叙事能够提供高潮和紧张的情节，给观众带来强烈的情感体验。转的出现将故事推向高潮，为故事的解决方案和结局铺平道路。这一部分的设计需要准确把握节奏和情感张力，使观众始终保持关注和投入，为故事的结束部分做好准备。

（四）合

在短视频叙事结构的第四部分是合，这是故事的结尾部分。合的部分旨在解决问题或达成目标，给观众一个清晰的结局。合的部分可以是喜剧性的，带来欢乐和满足感；也可以是悲剧性的，带来哀伤和反思。关键是要让观众感到满足，符合他们对故事发展的期望。在合的部分，故事的冲突会得到解决，角色可能会实现他们的目标或面对现实的改变。这部分的设计要注重情感的落点，让观众得到情感的释放和满足。同时，合的部分也可以给观众留下一些启示或思考，让他们对故事的主题和意义有更深层次的理解。通过精心设计的合部分，短视频叙事能够给观众提供有意义的结局。观众会感到故事是完整的，同时对故事中的角色和主题有更深刻的体验和思考。

合是短视频叙事结构的重要组成部分，它为故事提供了清晰的结局，满足观众的期待，并在情感和思考上给予观众一定的启示。合的部分的设计需要关注情感的落点和主题的呼应，以营造一个有意义和满足的故事结尾。

在短视频叙事的结构设计中，正确运用起、承、转、合的方法可以帮助创作者有效地构建和讲述故事，吸引和留住观众，进一步增强乡村文旅品牌的影响力。

四、短视频叙事的表达技巧

在制作短视频时，掌握和运用短视频叙事的表达技巧可以极大地提升视频的质量和吸引力。

（一）镜头语言

镜头语言是短视频叙事中非常重要的表达技巧之一。通过改变视角、焦距、运动方式和构图等元素，镜头语言可以呈现出不同的情绪和气氛，丰富故事的表达效果。

例如，高角度镜头常用来表现主题的孤独或无力感。当镜头从上方往下拍摄时，主题会显得较小和孤立，给观众一种脆弱或无助的感觉。而低角度镜头则可以表现主题的威严或强大。通过从底部往上拍摄，主题会显得庄重和威严，给观众一种仰视的效果。

焦距的选择也能够影响故事的表达。广角镜头可以呈现广阔的景象，给人一种开放和宽广的感觉。它适合用来表达自由、宏大的主题。相反，长焦镜头可以聚焦在特定的细节上，强调主题的重要性，给观众一种紧凑和集中的感觉。

运动方式也是镜头语言的重要组成部分。平移、推进、拉近、旋转等不同的运动方式可以增强镜头的动感和戏剧性，为故事带来不同的节奏和氛围。它们可以用来突出故事的紧张、动作或情感的表达。

构图是镜头语言中至关重要的一环。通过选择合适的构图方式，如对称构图、黄金分割构图等，可以创造出更具艺术感和美感的画面，增强观众的视觉享受和情感共鸣。

镜头语言是短视频叙事中不可或缺的表达技巧。通过运用不同的视角、焦距、运动方式和构图，可以创造出丰富多样的视觉效果，增强故事的情绪和氛围。这些技巧能够深入观众的心灵，使他们更好地理解和感受故事的主题和情感。

（二）音乐和声效

音乐和声效在短视频叙事中扮演着重要角色，它们能够强化视频的

情绪效果，增强观众的视听体验。

音乐是一种情感的表达工具。通过选择合适的音乐，可以营造出与视频内容相匹配的情绪和气氛。例如，轻快、欢乐的音乐可以营造愉快、活跃的氛围，使观众感到愉悦和放松。相反，低沉、悲伤的音乐则可以营造沉重、紧张的氛围，引发观众的共鸣和情感。合适的声效可以使视频更具真实感和立体感。自然声效、环境声、人声等都可以使观众更好地融入视频的场景，增强观看体验。声效的运用可以让观众感受到更多细节和现实感，使视频更生动、真实。

音乐和声效的选择和运用需要与视频内容相匹配，以达到更好的效果。通过精心选择和配合，音乐和声效可以在短视频中起到情绪引导和氛围塑造的作用。它们能够深化观众对视频内容的理解和感知，增强观看体验的沉浸感和情感共鸣。

音乐和声效是短视频叙事中不可或缺的元素，它们通过营造适宜的音效，增强观众的视听体验，使观众更好地理解和感受视频内容的情感和氛围。

（三）剪辑节奏

剪辑节奏是短视频叙事中重要的表达手法之一。通过控制镜头的切换速度和节奏，可以影响观众对故事的感知。

快节奏的剪辑能够营造紧张、激动的氛围。快速的镜头切换、动感的编辑效果可以增强观众的紧张感和兴奋感。这种剪辑节奏适合表现冲突、战斗和激烈动作等情节，能够增强观众的参与感和紧迫感。相反，慢节奏的剪辑可以营造平静、深沉的氛围。通过较长的镜头停留时间和缓慢的切换，慢节奏的剪辑能够给观众带来沉思和思考的空间。这种剪辑节奏适合表现描绘、回忆、情感的细腻表达等情节，能够让观众更深入地感受故事的情感和内涵。

剪辑节奏的控制还能够帮助塑造和展现故事的节奏和结构。通过合理的剪辑处理，可以将故事中的关键时刻和重要情节凸显出来，使故事更加连贯和有序。剪辑节奏的转换和变化能够引导观众的情绪和注意力，帮助他们更好地理解和体验故事的发展。

剪辑节奏是短视频叙事中的一项重要技巧。快节奏的剪辑能够增加紧张感和兴奋感，慢节奏的剪辑能够加强思考和沉思。通过合理的剪辑节奏控制，能够塑造故事的氛围、节奏和结构，提升观众的参与度和情感体验。

（四）文字和字幕

文字和字幕在短视频叙事中具有重要作用。它们不仅可以提供必要的信息和内容解读，还能帮助观众更好地理解和接纳故事。

文字和字幕可以传递关键的信息和情节，帮助观众理解故事的背景、人物关系、时间和地点等重要因素。它们可以用来引导观众的注意力，向观众提供必要的指引和解释，使观众更好地跟随故事的发展。此外，文字和字幕的设计和布局也可以增强视觉效果，提升短视频的品质和吸引力。通过选择合适的字体、颜色、大小和排版方式，文字和字幕可以与视频画面相融合，创造出更加美观和有吸引力的视觉效果。它们可以成为画面的一部分，为视频增添个性和独特性，同时提升品牌形象和视觉识别度。

对于观众而言，文字和字幕能够提供更多的语言支持和多样性。添加字幕，可以使观众在不同的语言环境下理解和欣赏视频内容，扩大受众群体。文字和字幕是短视频叙事中的重要元素。它们不仅能够提供必要的信息和解读，帮助观众理解故事，还能通过设计和布局的方式增强视觉效果，提升品牌形象。合理运用文字和字幕，可以使短视频更加完整、具有吸引力，并为观众提供更好的观看体验。

五、短视频叙事的感染力与影响力

一个成功的短视频叙事不仅能够吸引观众的注意，还能够产生深远的影响。

（一）短视频叙事的感染力

通过观众的共鸣，短视频的叙事可以产生感染力，引发观众的思考

和行动。在短视频叙事中，感染力是至关重要的一部分，它可以引发观众的情感共鸣，进而吸引并留住观众。通过精心设计的角色、情节和环境，短视频可以展示乡村的自然风光、人文历史、文化传统等，触动观众的心弦，激发他们的感情。音乐、声效、镜头语言等表达技巧可以进一步增强短视频的感染力，使观众在短时间内产生强烈的情绪反应。这种情感的引导和激发不仅能增强观众对视频内容的记忆，还可能引发他们的思考和行动，例如分享视频、评论观点甚至参与相关的文旅活动。因此，短视频叙事的感染力对于乡村文旅品牌的推广具有重大意义。

（二）短视频叙事的影响力

通过广泛的传播，短视频叙事可以产生影响力，改变观众的知识、态度和行为。由于短视频具有短小精悍的特点，易于在社交媒体上广泛传播，因此它有可能在短时间内影响大量观众，改变他们的知识、态度和行为。一个引人入胜的短视频叙事可以让观众更深入地了解乡村的自然风光、人文历史、文化传统等，增强他们对乡村文旅品牌的认知和好感。通过多元化的视角和故事，短视频叙事可以打破观众的刻板印象，开阔他们的视野，激发他们的探索和体验欲望。因此，通过精心设计和创新的短视频叙事，乡村文旅品牌不仅可以提升其知名度和影响力，还可以建立和巩固其品牌形象和地位。

第四节　短视频赋能乡村文旅品牌力的内容符号意义

一、短视频符号的定义与重要性

（一）短视频符号的定义

在短视频中，符号被定义为代表某种含义的视觉或听觉元素。这些元素可能包括色彩、形状、声音、音乐、文字等，它们都能在短时间内向观众传达特定的信息。

（二）短视频符号的重要性

符号在短视频中扮演着重要角色，对于乡村文旅品牌而言，它们具有以下重要性。

1. 快速传达信息

符号可以在非常短的时间内传达复杂的信息。通过使用色彩、声音、形状等符号，短视频能够快速而直观地传达情感、环境和特定的物品或地点，让观众迅速理解视频想要表达的内容。

2. 品牌价值表达

符号是传达品牌价值的重要工具。乡村文旅品牌可以借助符号传达其核心价值，比如使用绿色来代表自然和环保、土黄色来代表历史和文化。这些符号能帮助品牌快速传达其独特的价值主张，从而增强品牌的认知度和差异化。

3. 吸引和保持观众注意力

在信息爆炸的时代，吸引和保持观众的注意力是一项挑战。然而，通过有效的符号使用，短视频可以吸引观众的注意力，并在短时间内让他们理解和记住信息。符号的视觉吸引力和信息传达能力能帮助短视频在竞争激烈的观众市场中脱颖而出。

4. 增强品牌认知和好感

符号传达有助于观众更容易地理解和记住品牌的特点和价值，从而增强他们对品牌的认知和好感。乡村文旅品牌通过巧妙地运用符号，如代表自然风光的美丽景色、代表文化传统的传统元素等，能够在观众心中建立品牌形象和情感联结，提升品牌的影响力和忠诚度。

符号在短视频中具有重要作用，对于乡村文旅品牌而言尤为重要。通过快速传达信息、品牌价值表达、吸引和保持观众注意力以及增强品牌认知和好感，短视频符号能够有效赋能乡村文旅品牌力，使其在市场竞争中脱颖而出，吸引更多的观众和游客。

二、短视频符号的选择与设计

在乡村文旅品牌的短视频中，符号的选择和设计需要考虑如何最有

效地表达品牌的特性和价值。

（一）短视频符号的选择

1. 与品牌属性相关

符号的选择需要与品牌的特性和价值紧密相关。乡村文旅品牌的符号选择应考虑与其特点相关的因素。例如，选择绿色、蓝色等颜色可以传达自然与生态的特性，展现宁静、清新的氛围。形状方面，山脉、湖泊等自然元素可以突出乡村的自然风光特征。而在声音方面，选择鸟叫、风声等自然声音可以为观众营造仿佛置身大自然的感觉。通过与品牌属性相关的符号选择，乡村文旅品牌能够更好地传达其独特的特点和价值，提升品牌形象的一致性和认知度。

2. 符合观众预期

符号的选择除了与品牌属性相关外，还需要考虑观众的文化背景和心理预期。观众对于不同符号可能存在不同的联想和情感反应。以绿色为例，它在很多文化中是自然和生命的象征，因此对于乡村文旅品牌，特别是与自然风光相关的品牌，绿色可能是一个符合观众预期的选择。当观众看到绿色的符号时，可能会自然而然地联想到大自然、生态环境和健康等概念，从而与品牌的特性相契合。因此，在选择符号时，需要考虑观众对于不同符号的认知和情感反应，以符合他们的预期，增强品牌与观众之间的联结和共鸣。

3. 突出核心信息

符号的选择需要突出品牌的核心信息，以便清晰地传达给观众。对于乡村文旅品牌，如果其主要信息是历史和文化，那么符号的选择应侧重于突出这些方面。例如，古老的建筑、民俗活动、传统艺术等可以作为符号来表达品牌的历史和文化特点。这些符号能够引起观众的兴趣和好奇心，使他们更加深入地了解品牌承载的独特价值和丰富文化。通过突出核心信息的符号选择，乡村文旅品牌能够在短视频中准确而有力地传达品牌的核心特点，吸引观众的关注和共鸣。

（二）短视频符号的设计

1. 设计统一性

符号的设计需要在整体上保持统一和协调，以形成品牌的视觉和听觉标识。如果乡村文旅品牌的色调是绿色和蓝色，那么在短视频中使用的所有符号都应与这些颜色协调。这可以通过符号的颜色选择、形状设计、字体风格等方面实现。符号之间的统一性可以在视觉上形成一致的风格和品牌形象，让观众在观看短视频时能够迅速识别出品牌并建立对品牌的认知。通过设计统一的符号，乡村文旅品牌能够在短视频中展现品牌的独特性和专业性，增强品牌形象的一致性和品牌价值的传达。

2. 设计创新性

符号的设计需要具备一定的创新性，以吸引观众的注意力和兴趣。在乡村文旅品牌的短视频中，可以通过采用新颖的角度、特效、动画等方式呈现传统的符号。例如，可以运用创新的视角拍摄古老的建筑，运用特效或动画手法展现民俗活动，或者运用艺术化的手法表现传统艺术形式。这样的设计创新可以激发观众的好奇心和想象力，使他们更加投入和关注短视频内容。通过设计创新的符号，乡村文旅品牌能够在竞争激烈的媒体环境中脱颖而出，打破常规，吸引观众的关注和记忆。

3. 设计引导性

符号的设计需要具备引导性，即使观众在看到或听到符号时能够立刻联想到品牌及其核心价值。为了实现这一点，可以运用故事性的叙述方式、对比的呈现手法、重复的设计元素等方式来强化符号的意义和影响。将符号融入有吸引力的故事情节，能使观众更容易理解符号代表的品牌信息和核心价值。同时，通过对比符号与其他元素的差异，可以突出品牌的独特性和与众不同之处。此外，在不同场景中重复使用符号，可以加强观众对品牌的记忆和认知。通过设计具有引导性的符号，乡村文旅品牌能够在短视频中有效地传达品牌信息和核心价值，引发观众的共鸣和好感。

三、短视频符号的解读

观众对短视频符号的解读是他们接受和记住品牌信息的关键。因此，乡村文旅品牌需要考虑目标观众的文化背景和心理预期，选择和设计那些容易被理解和接受的符号。

（一）文化背景的影响

观众的文化背景包括他们所属的社会群体、地域特色、宗教信仰、价值观念等方面的因素。这些因素会影响观众对符号的认知、理解和情感联想。

在乡村文旅品牌的短视频中，符号的选择应考虑目标观众的文化背景。例如，对于中国观众，使用传统的建筑、节日习俗、饮食特色等符号可能更容易引起他们的共鸣和理解。而对于国际观众，可以选择具有普遍性的符号，如自然景观、友好的人际互动、跨文化的艺术形式等。

此外，文化背景还会影响观众对符号的情感联想和评价。不同的文化对颜色、形状、音乐等符号元素的情感和象征意义有不同的理解。因此，乡村文旅品牌需要在符号设计中注重文化敏感性，避免引起观众的误解或不适感。

（二）心理预期的影响

观众的心理预期也会影响他们对符号的理解和接受程度。每个人都有自己的经验、期望和偏好，这会影响他们对符号的解读方式。乡村文旅品牌可以通过了解目标观众的心理预期，选择和设计与观众期望的体验和情感相符合的符号，以引起观众的共鸣和兴趣。例如，熟悉乡村生活的观众，可能更容易理解和接受与农田、牲畜、农作物等相关的符号。而城市居民，则可能对自然风光、古老建筑、传统文化等符号有更深的共鸣。

（三）符号的明确性和连贯性

1. 明确性

符号的明确性指的是符号的含义和意义能够清晰地传达给观众，避免产生歧义或误解。乡村文旅品牌应选择那些具有明确含义的符号，与品牌的核心概念和价值观相契合。例如，在自然保护主题的品牌中，选择绿色作为主要符号可以明确传达自然和环保的含义。明确的符号可以帮助观众迅速理解品牌的主旨和核心信息。

2. 连贯性

符号的连贯性指的是符号在整个短视频中的使用保持一致性和连贯性。符号的连贯性可以通过在不同场景中持续使用相同的符号元素或通过符号的转变和变化来实现。这样可以建立符号和品牌之间的关联性，并能使观众更好地理解和记住品牌的特点和价值。连贯的符号设计可以提升品牌的识别度和记忆度，加强品牌形象的传达效果。

（四）故事和解说的辅助

1. 故事的辅助

通过故事情节的构建，乡村文旅品牌可以将符号融入具体的场景和情节，帮助观众更好地理解和记忆符号的含义。故事情节可以通过展示乡村的美丽风光、丰富文化和和谐社区等元素，使观众与符号产生深度联系。例如，通过讲述一个乡村居民的生活故事，展示他们与自然的亲密关系、传统的手工艺制作过程等，可以让观众更加了解乡村的魅力和特色。故事情节可以提供情感共鸣和情节发展的引导，使观众更加深入地体验乡村文旅品牌传递的信息和价值。

2. 解说的辅助

在短视频中加入解说的声音，可以进一步解释符号的含义和品牌的核心概念。通过解说的辅助，观众可以听到对符号和品牌的解释和说明，帮助他们更准确地理解和记住品牌传达的信息。解说可以提供背景知识、文化背景、品牌故事等内容，增强观众对符号和品牌的认知和理解。在解说过程中，语言的选择、表达方式的准确性以及语调的把握都非常重要，要与符号和品牌的特点相协调，以提供更好的观看体验。

（五）反馈和调整

1. 收集观众反馈

乡村文旅品牌可以通过多种方式收集观众的反馈，包括观看量统计、用户评论收集、问卷调查等。这些反馈可以提供宝贵的信息，了解观众对符号的理解和反应，以及对短视频整体的评价和意见。通过收集观众的反馈，品牌可以得知观众对符号的接受程度、是否理解品牌的核心概念，以及是否对品牌产生了积极的情感和好感。

2. 分析观众反馈

品牌需要对观众的反馈进行细致的分析和评估，找出其中的共性和关键问题。通过分析观众的反馈，品牌可以了解哪些符号被观众正确理解和接受，哪些符号可能存在误解或不清晰的情况。此外，还可以分析观众对短视频整体的喜好和期望，以进一步优化符号的选择和设计。

3. 适时调整符号

根据对观众反馈的收集和分析结果，乡村文旅品牌可以适时调整符号的选择和设计，以优化传达效果。品牌可以选择更加明确和具有共性的符号，以提高观众的理解和接受程度。同时，也可以调整符号的呈现和表达方式，使其更加清晰和易于理解。这些调整应该与品牌的核心概念和目标观众的需求相匹配，以提升品牌传达的效果和影响力。

通过反馈和调整，乡村文旅品牌可以不断改进和优化短视频中的符号选择和设计，以更好地传达品牌的信息和价值观。这有助于提升观众对品牌的认知和好感，增强品牌的传播效果，并与观众建立更深层次的情感联结。因此，乡村文旅品牌应该将反馈和调整作为持续改进的重要环节，不断提升短视频符号的传达效果和观众体验。

四、短视频符号的未来发展趋势

随着科技的发展和社会的进步，短视频符号的未来发展趋势日益明朗。在此，以乡村文旅品牌为例，讨论未来的几种可能趋势。

首先，虚拟现实（VR）和增强现实（AR）技术的发展将为短视频符号带来新的表现形式和体验方式。借助VR技术，乡村文旅品牌可以创建全新的、沉浸式的视觉体验，让观众仿佛身临其境地感受乡村的自然风光、人文历史和文化传统。例如，观众可以在VR环境中亲自“游览”乡村，他们看到的每一个细节、听到的每一个声音都可以成为传达品牌信息的符号。这种丰富、立体的符号表达方式，无疑将极大地提升观众的观看体验和品牌的影响力。

其次，AR技术可以将虚拟的符号融入真实的环境，使观众在看到真实世界的同时，也能看到与乡村文旅品牌相关的信息和故事。例如，观众可以通过手机摄像头看到自己的生活环境，然后在屏幕上看到利用AR技术添加的乡村风光、民俗活动等符号。这种结合了真实和虚拟的体验方式，可以使观众更加直观和生动地理解和记住乡村文旅品牌的符号。

最后，人工智能（AI）和大数据技术的发展将帮助乡村文旅品牌更准确地理解和预测观众对符号的解读和反馈。通过收集和分析大量的观看数据，AI可以识别出观众对不同符号的反应模式，例如，哪些符号更能吸引观众的注意，哪些符号更能引发观众的情感共鸣，哪些符号更能提升观众对品牌的认知和好感等。这些信息对于乡村文旅品牌而言是极其宝贵的，它们可以帮助品牌更有针对性地选择和设计符号，从而优化短视频的制作效果和传播效果。

未来的短视频符号将更加多元、立体和智能。无论是VR、AR还是AI，它们都将以各自的方式，为乡村文旅品牌的短视频叙事提供新的可能性和机会。而乡村文旅品牌也需要把握这些趋势，不断创新和优化符号的使用方式，以提升品牌的影响力和竞争力。

第六章　短视频赋能乡村文旅品牌力的新媒体策略

短视频赋能乡村文旅品牌力的新媒体策略在当今新媒体时代具有重要意义。通过深入理解新媒体环境下的品牌塑造、用户行为和短视频应用，乡村文旅品牌能够利用新媒体平台对短视频制作、发布、推广和互动进行管理，从而提升品牌力和用户参与度。同时，通过新媒体下的效果评估与优化，乡村文旅品牌能够利用数据分析和用户反馈，持续改进短视频策略，实现品牌的持续发展。这一综合的新媒体策略为乡村文旅品牌在数字化时代取得成功提供了有力的指导和支持。

第一节　短视频赋能乡村文旅品牌力的新媒体理念

一、新媒体时代的品牌塑造

（一）品牌故事

在新媒体环境下，乡村文旅品牌可以充分利用具有吸引力和感人的品牌故事来建立品牌形象。这种方法通过短视频分享乡村的历史故事、人文风情或独特景观，让观众产生情感共鸣，从而提高品牌的认知度和好感度。这种形式的内容不仅能够吸引观众的注意，还能够在短时间内展现乡村地区的独特之处和吸引力。

乡村文旅品牌还可以通过讲述品牌背后的创立历程、理念、价值观以及对社区的影响和贡献来进一步强化品牌形象。这些故事能够打动人心，让观众对品牌产生共鸣，并且更加了解和信任品牌。品牌的创立历程和价值观可以展示出品牌的初衷和追求，让观众感受到品牌的真实性和诚信度。同时，通过品牌对社区的影响和贡献也能够树立品牌的形象，展示其对当地文化、环境和社会的积极影响，使观众认可品牌并与之产生情感共鸣。通过这些具有吸引力和感人的品牌故事，乡村文旅品牌能够在新媒体平台上引发观众的兴趣和注意，提高品牌的知名度和美誉度。这些故事能够让观众产生情感共鸣，并且更加了解和信任品牌。此外，这种传播方式也能够快速传递品牌的核心价值观和独特魅力，有效地建立品牌形象并吸引潜在客户。因此，乡村文旅品牌在新媒体环境下，传递具有吸引力和感人的品牌故事是一种有效的品牌推广策略。

（二）影响力营销

在新媒体环境下，乡村文旅品牌可以运用影响力营销策略，借助网红、KOL 等具有高度影响力的个人或机构推广品牌和产品。这些有影响力的个人或机构能够通过其巨大的粉丝基础和影响力，在短时间内将品牌信息迅速、广泛地传播给大量的目标用户，从而提高品牌的知名度和影响力。

乡村文旅品牌可以邀请相关领域的网红或 KOL 到乡村旅游，通过他们的直播、短视频分享或社交媒体互动，将乡村的美景、特色文化和旅游体验展示给他们的粉丝和观众。这样的合作可以通过精心策划的行程和活动，将品牌与网红的个人形象和价值观相结合，使得品牌在网红的传播中获得更多曝光和关注。与网红或 KOL 合作，乡村文旅品牌可以借助他们的影响力和粉丝基础，快速扩大品牌的受众范围。网红或 KOL 的粉丝通常高度关注和认可其意见和推荐，因此，当他们推荐或展示乡村文旅品牌时，会引起观众的兴趣和好奇心，进而增加他们对品牌的了解和认知。

此外，与网红或 KOL 合作也可以提升品牌的口碑效应。当观众看到网红或 KOL 亲身体验并积极评价乡村文旅品牌时，他们会将这种积极的情感转化为对品牌的信任和好感，从而增加他们选择该品牌作为旅游目的地或购买其产品的意愿。因此，乡村文旅品牌在新媒体环境下可

以通过与网红、KOL 等具有影响力的个人或机构合作，利用他们的传播力量和影响力，快速提高品牌的知名度、影响力和口碑效应。这种影响力营销策略可以帮助品牌扩大受众群体，增加用户的参与和互动，并最终促进品牌的发展和壮大。

（三）用户参与

在新媒体环境下，鼓励用户生成内容是一项重要的营销策略，对于乡村文旅品牌而言尤为适用。运用这种策略，能使用户通过拍摄短视频、写游记、发表评论等方式，积极参与品牌的传播，从而增强用户的参与度和品牌的影响力。

鼓励用户生成内容不仅可以提高用户的参与度，还能够增强用户的归属感。当用户被鼓励和激励去分享他们的乡村旅行经历、照片和故事时，他们会感到自己与品牌有密切的联系，进而建立更为深厚的情感纽带。这种参与感和归属感会促使用户更加积极地参与品牌的传播，不仅分享到自己的社交圈子中，还可能通过品牌的社交媒体平台等渠道将内容传播给更广泛的受众。

通过用户生成内容，乡村文旅品牌能够从用户的角度，更真实、生动地展现其独特魅力和旅游体验。用户的视角往往能够带来更为亲切和真实的体验感受，对其他潜在用户具有更强的说服力和影响力。这些用户生成内容可以包括用户拍摄的精美照片、详细的游记描述、亲身经历的视频等，可以通过品牌的官方网站、社交媒体平台或专门的 UGC 平台进行展示和分享。

为了进一步鼓励用户生成内容，乡村文旅品牌可以设立一些互动活动，如“最佳旅游照片”“最佳游记”等竞赛。这些竞赛可以激发用户的创作热情，同时为他们提供展示自己的平台。通过这些活动，用户可以分享自己的旅行经历、感受和见闻，成为品牌传播的一部分，同时能够获得一定的奖励和认可，进一步增强他们对品牌的忠诚度和参与度。

二、新媒体环境下的用户行为分析

（一）用户习惯

理解用户在新媒体上的行为习惯对于制定有效的短视频策略至关重要。通过数据分析，可以了解用户更喜欢哪种类型的内容，从而在短视频制作中做针对性的优化。此外，还可以根据用户的活跃时间选择最佳的发布时机，以提高用户的参与度和满意度。数据可以揭示用户对不同类型内容的偏好。通过分析用户的观看和互动数据，可以了解他们对于乡村文旅品牌的不同方面的兴趣。例如，有些用户可能更喜欢关于美食的内容，喜欢了解当地的特色菜肴和餐馆推荐；也有些用户对于乡村的人文风情更感兴趣，喜欢了解当地的传统文化、手工艺品等；还有些用户可能更关注乡村的景点介绍和旅游路线规划。通过分析这些偏好，可以在短视频的内容策划中加入更多符合用户兴趣的元素，从而吸引更多的观众和互动。

不同用户在新媒体平台上的活跃时间可能存在差异，有些用户可能更喜欢在工作日的晚上观看短视频，而有些用户可能在周末的早上或者午休时间更活跃。通过分析平台数据，可以确定用户最活跃的时间段，并在这个时间段内发布内容，从而提高内容的曝光度和观看量。这样可以确保更多的用户在他们最感兴趣和最活跃的时间点上看到品牌的短视频，增加用户的参与度和满意度。

通过理解用户在新媒体上的行为习惯，乡村文旅品牌可以根据用户对内容的偏好和活跃时间，制定相应的短视频策略。通过优化内容类型和发布时机，可以提高用户的参与度和满意度，从而增加品牌的曝光度和影响力。这种基于用户习惯的策略能够更有效地吸引观众、增加互动，并推动品牌在新媒体环境下的成功传播。

（二）用户反馈

在新媒体环境下，对用户反馈进行分析和理解对于乡村文旅品牌而言非常重要。用户反馈可以帮助品牌了解内容是否达到预期效果，还为

改进产品和服务提供了宝贵建议。通过对用户评论、点赞、分享等行为的分析，可以获取关于用户对内容的喜好和需求的信息，从而指导品牌优化内容创作和改进策略。通过仔细阅读和分析用户的评论，品牌可以了解用户对特定内容的喜欢和不满意之处。用户的评论可能包括对内容的赞赏、提出问题、表达意见或建议等。这些反馈能够帮助品牌了解用户对内容的感受和期望，进而调整和改进内容创作的方向和方式。如果一部短视频获得了大量的点赞和分享，则说明该视频在用户中引起了较高的兴趣和认可。品牌可以通过分析这些受欢迎的内容，了解用户对什么样的主题、风格或元素更感兴趣，从而在未来的内容创作中加以强调和扩展。此外，通过用户的分享行为，品牌的内容能够更广泛地传播给其他潜在用户，进一步扩大品牌的影响力和知名度。当用户提出问题、表达不满或提供建议时，品牌应积极回应并采取行动。这种反馈机制可以增强品牌与用户之间的互动和沟通，提高用户满意度和忠诚度。品牌可以通过与用户的互动，获取有关产品质量、服务体验或其他方面的问题，并及时解决。

通过对新媒体下用户行为的分析，乡村文旅品牌可以了解用户对内容的喜好和需求，指导内容创作和改进策略。用户的评论、点赞、分享等行为都提供了宝贵的反馈信息，帮助品牌优化内容、提高用户参与度和满意度，并持续改进产品和服务。通过积极倾听用户的声音，品牌能够与用户建立更紧密的关系，提升品牌形象和用户体验。

（三）用户画像

用户画像是通过收集和分析用户数据，对用户的基本特征、行为模式、需求和偏好进行综合描述。对于乡村文旅品牌而言，创建用户画像是非常重要的，可以帮助品牌更准确地了解目标用户，并针对他们的需求和偏好进行精准营销和内容创作。

创建用户画像的过程通常包括以下几个步骤。

1. 数据收集

收集与用户相关的数据，包括用户行为数据（如浏览记录、购买记录、社交媒体互动等）、个人特征（如年龄、性别、地域、职业等）和兴趣偏好（如旅游喜好、文化爱好等）等。

2. 数据分析

对收集到的数据进行深入分析，找出用户之间的共同特征和行为模式。通过统计分析、数据挖掘和机器学习等方法，识别出重要的用户群体及其特征。

3. 用户分类

根据分析结果，将用户划分为不同的用户群体或细分市场。这些分类可以基于年龄段、兴趣爱好、地理位置、消费行为等多个维度，以更精确地描述不同类型的用户。

4. 用户画像描述

通过综合分析结果，创建用户画像的描述。用户画像可以包括用户的基本信息（如年龄、性别、地域等）、行为习惯（如活跃时间、喜欢的内容类型等）、需求和偏好（如旅游偏好、体验要求等）等。

基于用户画像，乡村文旅品牌可以进行更精准的市场定位和目标用户选择。品牌可以了解不同用户群体的需求和偏好，为他们提供更符合其兴趣和期望的内容和服务。例如，如果用户画像显示目标用户主要是年轻人，热衷于户外活动和本地文化探索，品牌可以选择创作与户外活动和本地文化相关的短视频内容，以满足这部分用户的需求。用户画像也可以为品牌的营销活动和推广策略提供指导。通过了解用户的兴趣和偏好，品牌可以选择合适的营销渠道、推出符合用户需求的产品和服务，并采用与目标用户群体相匹配的语言和视觉风格进行传播。

通过创建用户画像，乡村文旅品牌可以更好地了解目标用户，为其提供个性化的内容和服务，提升用户体验和满意度，并实现更有效的市场推广和营销策略。

三、新媒体环境下的短视频应用

短视频作为一种新的媒体形式，因信息量大、传播速度快、吸引力强等优点，在新媒体环境下得到了广泛应用。其主要应用如下。

（一）视频内容

短视频是一种非常强大的故事讲述工具，乡村文旅品牌可以充分利用它来展现乡村的自然风景、人文景观、传统文化等旅游资源。通过精心拍摄和剪辑，短视频能够以动态、生动的方式呈现乡村的美丽和独特之处。例如，品牌可以拍摄农田劳作的场景，展示农民耕种的辛勤劳动和农作物的生长过程。这样的视频可以让观众感受到乡村的纯朴和勤劳，以及大自然的恩赐。

品牌还可以拍摄关于传统手工艺的短视频，展示当地匠人的巧手和技艺。通过展示传统工艺品的制作过程，观众可以深入了解当地文化的独特魅力，并对乡村文化产生更深的兴趣。乡村的节日活动也是短视频的好素材。通过捕捉节日庆典和人们欢聚的情景，可以向观众展示乡村的热闹和喜庆，让他们感受到浓厚的节日氛围。除了展现乡村的风景和文化，短视频也可以用来展示品牌的服务和产品。品牌可以介绍乡村旅馆的设施和服务，通过精彩的镜头展示房间的舒适与设施的完备，吸引观众将这里作为旅游住宿的首选。同时，短视频还可以展示当地特色菜品的制作过程，展现美食的诱人之处。通过呈现独特的食材、传统的烹饪方法和美味的成品，观众可以感受到乡村美食的魅力，增加对品牌的兴趣和好感度。

（二）创意表达

短视频作为一种创意表达工具，为乡村文旅品牌提供了丰富的创作可能性。品牌可以运用航拍技术，从空中鸟瞰乡村风光，以壮丽的画面展现其美丽与宏伟；也可以运用慢动作效果，捕捉乡村生活中的细节和情感，让观众深入感受乡村的宁静和温馨。此外，乡村文旅品牌可以运用特效技术，为短视频增添独特的视觉效果，创造出梦幻和惊艳的场景。通过特效的运用，品牌可以创造出与众不同的视觉体验，吸引观众的眼球，并让内容更加引人入胜。

乡村文旅品牌还可以运用纪录片、微电影、动画等形式，讲述乡村的故事或品牌的理念。通过真实的镜头和情节叙述，纪录片可以深入描绘乡村的历史、文化和人文风情，让观众更加了解乡村的独特魅力。微电影则可以通过情节和角色塑造，引发观众的情感共鸣和思考。而动画形式则能够产生更加生动有趣的效果，通过卡通形象和图形动画，为乡村文旅品牌的短视频增添趣味和活力。

（三）视频优化

优化短视频的元素，如标题、描述、标签和封面图等，是提高其在新媒体平台上的可见度和吸引力的重要策略。一个引人入胜的标题可以吸引用户点击观看，一个准确的描述可以帮助用户了解视频内容，而合适的标签可以提高视频在搜索结果中的排名。同时，为视频配上适合的封面图也非常重要，因为它是用户第一眼看到的内容，往往决定了用户是否会点击观看。优化标题时，应采用简洁、有吸引力的表达方式，使用有情感色彩的词语或悬念性的表达方式，引发用户的好奇心和兴趣。同时，描述应简明扼要地概括视频的主题和亮点，提供更多背景信息，以吸引用户的注意力。标签的选择应与视频内容相关，涵盖用户可能使用的搜索关键词，以提高视频在搜索结果中的排名。封面图应吸引人且与视频内容相关，可以选择精美的截图或设计专门的封面图，激发用户对视频的兴趣。合理选择发布频率和时机也是优化策略的关键。根据目标用户的行为习惯和活跃时间，选择发布视频的最佳时间段，以提高视频的曝光率和观看量。

通过优化短视频的标题、描述、标签和封面图等元素，可以提高视频在新媒体平台上的可见度和吸引力。这些策略能够吸引更多目标用户关注品牌，提升品牌的形象和知名度，并增加视频的观看量和分享率。乡村文旅品牌可以精心优化视频元素，以在竞争激烈的新媒体环境中脱颖而出，吸引更多用户参与和分享，从而推动品牌的成功传播。

四、新媒体视角下的乡村文旅品牌力

在新媒体视角下，乡村文旅品牌具备强大的品牌力。通过短视频等方式，品牌可以展示乡村的自然风光、人文魅力和独特传统，塑造与众

不同的品牌形象。同时，新媒体平台为乡村文旅品牌提供了更广泛的传播渠道，借助网红、KOL 和 UGC 等方式，品牌可以扩大影响力，让更多人了解和认可乡村的魅力。此外，乡村文旅品牌也能与用户和合作伙伴互动和共创，通过用户参与和合作推动品牌的发展和传播。这种新媒体视角下的乡村文旅品牌力，为乡村地区的旅游发展和品牌建设注入了新的动力和活力。

（一）品牌形象

在新媒体环境下，乡村文旅品牌可以通过短视频等方式塑造和传递品牌形象。短视频具有生动、真实的特点，能够展现乡村的自然风光、人文风情和历史传统，为品牌打造独特的形象。

通过拍摄短视频，品牌可以展示乡村的传统手工艺，展现匠人的精湛技艺和工艺品的独特魅力。观众可以通过视频近距离观察制作过程，感受乡村工艺的精湛和传统文化的传承。通过展示农田劳作的场景，品牌可以突出乡村人民的勤劳和农业文化。观众可以近距离了解农民的辛勤劳作，感受农田的生机和丰收的喜悦，从而形成对乡村的独特印象。此外，通过展示乡村的民俗活动，如传统节日、民间表演等，品牌可以展现乡村的热闹和喜庆。观众可以近距离感受民俗活动的欢乐氛围，了解乡村的传统文化和民间艺术，从而对乡村文化产生深刻印象。

乡村文旅品牌可以通过短视频塑造生动、真实的品牌形象，展现乡村的特色和魅力。这样的品牌形象将使观众产生共鸣和好感，提高品牌的认知度和好感度，进而推动品牌的发展和推广。

（二）品牌传播

新媒体平台为乡村文旅品牌提供了更快速、更广泛的品牌传播渠道。品牌可以利用新媒体平台发布短视频、图文内容、直播等形式，将乡村的魅力和价值传递给更多的人。通过发布短视频，品牌可以利用生动的画面和声音，向观众展示乡村的自然美景、人文风情和丰富的旅游资源。观众可以通过短视频近距离感受乡村的魅力，进而产生对乡村文旅品牌的兴趣和好感。

品牌还可以借助网红、KOL和UGC等方式进行口碑传播。邀请相关领域的网红或KOL到乡村旅游，通过他们的直播、短视频分享，让更多的人了解和认识乡村文旅品牌。同时，鼓励用户生成内容，如拍摄短视频、写游记、发表评论等，让用户参与品牌的传播，成为品牌的传播者。

通过新媒体平台的品牌传播，乡村文旅品牌可以快速扩大品牌的影响力和知名度。借助网红和KOL的影响力，以及用户生成内容，品牌的信息可以更广泛地传播给目标用户，引发更多人关注乡村文旅品牌。这种品牌传播方式能够提升品牌的认知度、好感度，并为乡村文旅品牌的发展和推广注入新的动力。

（三）品牌共创

新媒体平台为乡村文旅品牌与用户、合作伙伴的互动和共创提供了机会。品牌可以通过互动评论、举办活动、征集建议等方式，鼓励用户参与品牌的建设和传播，增强用户的归属感和忠诚度。通过互动评论，品牌可以与用户实时互动，回应用户提出的问题和反馈，建立良好的关系。举办活动“如线上投票、抽奖、有奖互动等”可以吸引用户的参与和关注，增强品牌与用户之间的互动性。征集建议和意见可以让用户参与品牌的决策和改进过程，让用户感受到自己的意见被重视，进而增强对品牌的认同和忠诚度。

同时，乡村文旅品牌也可以与相关的企业、机构、个人等合作，共同开展活动、创作内容和推广乡村。例如，品牌可以与当地的农产品商、手工艺人、艺术家等合作，制作关于他们的短视频，展示乡村的多元文化和生活风情。通过合作，不仅可以增加品牌的内容丰富性和多样性，还能够帮助当地的合作伙伴宣传和推广自己的产品或服务，实现共赢。

通过新媒体平台的互动和共创，乡村文旅品牌可以与用户、合作伙伴形成良好的合作关系，实现共同发展。用户参与品牌的建设和传播，可以增强他们的归属感和忠诚度，同时，品牌也可以通过与相关机构和个人合作，拓展品牌的影响力和资源，共同推动乡村文旅的发展和推广。

五、新媒体与短视频的结合策略

新媒体与短视频的结合，为乡村文旅品牌提供了一种全新的、具有巨大潜力的传播和营销手段。它们能够突破传统媒体的时间和空间限制，将乡村的风景、文化、生活带入全球用户的视线。然而，成功应用新媒体和短视频的策略，不仅需要明确的目标和深入的用户理解，还需要精心的内容创作和有效的平台运用。

（一）内容策略

在新媒体和短视频的结合中，内容策略是至关重要的。乡村文旅品牌需要基于深入的用户理解来制定内容策略，以满足目标用户的需求和兴趣。

内容应该以乡村的自然风光、历史文化、生活风情和特色产品为核心，展现乡村的魅力和价值。短视频可以通过生动的画面和声音，让观众近距离感受乡村的美景、体验乡村的文化，从而引发他们的兴趣和好奇心。内容的形式应该多样化。可以采用故事叙述的方式，通过引人入胜的故事情节，让观众与乡村产生情感共鸣。也可以制作指南或介绍类的内容，向观众展示乡村的特色景点、美食、活动等，提供有价值的信息。此外，采访当地居民、艺术家或手工艺人，记录他们的故事和经验，也是一种丰富而有趣的内容形式。

同时，短视频的质量也是成功的关键。短视频需要具备高清的画质、流畅的剪辑和过渡、引人入胜的故事情节以及有趣的元素。只有经过精心制作的短视频，才能吸引用户的注意力并留住他们，从而提高品牌的认知度和好感度。

（二）平台策略

在制定平台策略时，乡村文旅品牌需要考虑多个因素，包括平台的用户基础、功能、规则和影响力。

品牌应该根据目标用户的特征选择适合的新媒体平台。如果目标用户主要是年轻人，那么抖音、快手等短视频平台可能是更好的选择，因为它们拥有庞大的年轻用户群体和与短视频创作相关的功能。如果目标用户主要是专业人士或中高年龄人群，那么微信、微博等社交媒体平台可能更适合，因为它们提供了更多文字和图片内容的展示方式。品牌还需要了解平台的功能和规则。不同平台有不同的特点和规则，了解并遵守平台的规则，可以提高短视频在平台上的曝光度和传播效果。例如，根据平台的算法和规则，优化短视频的标题、描述、标签等元素，选择合适的时间段发布，提高视频的可见度和吸引力。一些知名的新媒体平台拥有庞大的用户基础和强大的社交影响力，它们的传播效果更好，可以让乡村文旅品牌更广泛地传播。选择具有较高影响力的平台，可以增加品牌的曝光度和知名度。

（三）互动策略

互动策略在新媒体环境下对于乡村文旅品牌至关重要。通过利用新媒体平台的互动功能，如评论、点赞、分享、投票、挑战等，品牌可以极大地提高用户的参与度和忠诚度。乡村文旅品牌可以定期与用户互动评论，回应用户提出的问题和反馈，建立与用户之间的良好互动和关系。这种双向沟通可以让用户感受到被关注和重视，增强他们的归属感，并促使他们更积极地参与品牌的传播。

品牌还可以举办线上活动，如有奖竞猜、线上投票、抽奖等，激发用户的参与和分享。这样的活动能够吸引用户的注意和兴趣，增加他们与品牌之间的互动和亲密度。另外，品牌可以提供有奖挑战，鼓励用户创作与乡村文旅相关的短视频，并分享到社交媒体平台上。这种挑战可以扩大品牌的影响力，让更多的用户参与进来，同时能为品牌创造更多的原创内容。

通过用户的反馈和数据分析，乡村文旅品牌可以不断优化内容和策略。通过分析用户的评论、点赞、分享等行为，了解哪些内容更受用户欢迎，哪些需要改进，从而更好地满足用户的需求，提高短视频的效果和影响力。

第二节　短视频赋能乡村文旅品牌力的新媒体实施

一、新媒体平台的选择

在选择适合的新媒体平台时，乡村文旅品牌应该深入研究目标用户的行为习惯、评估平台的功能和影响力，并了解平台的用户基础和算法。通过研究用户活跃度、评估平台的功能及影响力以及分析平台用户基础和算法，品牌能够更准确地选择适合自身的平台，从而在新媒体环境下有效推广短视频内容。

（一）研究用户活跃度

在选择适合的新媒体平台时，乡村文旅品牌需要进行用户活跃度研究，以深入了解目标用户的行为习惯。这包括他们偏好使用哪个平台浏览和消费信息，他们在什么时间段最活跃，以及他们关注和喜欢哪类内容。通过对这些信息的深入研究，品牌可以更加准确地选择与目标用户行为习惯相匹配的新媒体平台，从而将短视频内容传播给用户，并提高品牌在目标用户中的可见度和影响力。

（二）评估平台的功能及影响力

在选择适合的新媒体平台时，乡村文旅品牌需要评估平台的功能和影响力。不同平台具备不同的特色和功能，这对短视频的制作和发布具有重要影响。品牌应考虑平台是否支持高质量的视频发布，以展示乡村的美景和特色。此外，品牌还需评估平台的社交功能，确认其是否有利于用户互动和口碑传播，以提高品牌的曝光度和影响力。此外，品牌还需评估平台的影响力，包括用户基数、活跃度和口碑等。通过综合考虑平台的功能和影响力，乡村文旅品牌可以选择最适合自身需求的平台，提升短视频的传播效果和品牌的知名度。

（三）分析平台用户基础和算法

在选择适合的新媒体平台时，乡村文旅品牌需要分析平台的用户基础和算法。不同平台拥有不同的用户群体，例如，年轻人可能更倾向于使用抖音和微博，而中年人可能更喜欢微信和快手等。了解平台的用户基础可以帮助品牌针对特定目标用户选择合适的平台进行推广。

平台的算法也会对内容的传播效果产生影响。分析和利用平台的算法可以帮助品牌更好地推广短视频。例如，可以通过优化发布时间，选择在用户活跃度高的时间段发布视频，以获得更多的曝光和关注。此外，使用热门标签和关键词也有助于提高视频在平台上的搜索排名和推荐效果。品牌可以根据目标用户的特征和需求选择适合的平台进行推广。每个平台都有自己独特的用户群体和算法特点，品牌应该进行针对性的分析和选择，以最大限度地提高短视频的传播效果和品牌的影响力。

二、新媒体下短视频的制作与发布

在新媒体环境下，乡村文旅品牌需要制定有效的短视频内容策略，并确定视觉风格和故事线。投入资源制作高质量的短视频是至关重要的，包括高清画质、流畅剪辑和吸引人的内容。在发布短视频时，需要优化标题、描述和标签，考虑用户活跃时间，并定期发布，以保持用户的参与度。这些策略有助于提高短视频的传播效果，吸引用户关注，增强品牌形象。

（一）短视频内容策略

乡村文旅品牌在制定短视频内容策略时，应该根据品牌的特点和目标用户的需求来确定。内容的主题可以围绕乡村的自然风光、历史文化、人文风情等方面展开，以展示乡村的独特魅力和价值。同时，品牌也可以通过短视频呈现乡村的传统手工艺、当地美食、民俗活动等内容，让用户更深入地了解乡村的生活方式和特色。在内容的风格上，可以选择轻松愉悦、温馨感人或看冒险刺激的方式，要根据目标用户的喜好和情感诉求来制定。通过制定有效的短视频内容策略，乡村文旅品牌能够吸引用户的关注，提升品牌形象和影响力。

（二）视觉风格和故事线确定

在制作短视频时，确定视觉风格和故事线对于吸引用户的注意力和延长观看时间至关重要。视觉风格需要与乡村文旅品牌的形象和主题保持一致，通过使用独特的摄影技巧、灯光处理和后期效果，营造出令人印象深刻的视觉冲击力。可以运用航拍、慢动作、特殊镜头等手法，将乡村的自然美景、传统文化和民俗活动呈现给观众，让他们仿佛身临其境。

故事线的确定也至关重要，一个引人入胜的故事能够吸引用户的兴趣并激发他们的情感共鸣。可以通过讲述乡村的历史故事、传承的手工艺技艺、当地人的故事等，将观众带入一个独特的乡村世界。故事可以以情节发展、角色塑造、情感表达等方式，让观众与故事中的人物和情境产生共鸣，增加观看的吸引力和参与度。通过确定适合的视觉风格和故事线，乡村文旅品牌可以制作出引人注目、生动有趣的短视频，提高观众的观看体验，并塑造出独特而吸引人的品牌形象。

（三）高质量视频制作

为了确保短视频的质量，乡村文旅品牌需要投入适当的资源进行制作。首先，画质应该是高清的，以提供清晰、细腻的视觉效果，让观众更好地欣赏乡村的美景和细节。其次，剪辑要流畅、精准，将各个镜头有机地连接起来，保持故事的连贯性和紧凑性。再次，内容要有趣、引人入胜，吸引观众的兴趣和好奇心，让他们愿意与他人分享。最后，音乐的选择也很重要，应该符合视频的氛围和情感，能够增强观众的情绪体验。通过制作高质量的短视频，乡村文旅品牌能够脱颖而出，吸引用户的关注，并树立品牌形象。

（四）短视频优化发布

在发布短视频时，需要充分考虑平台的算法和用户的行为，以优化视频的可见度和传播效果。首先，标题应具有吸引力和描述性，能够概括视频的主题和亮点，吸引用户点击。其次，描述应简洁明了，突出视频的特点和亮点，激发用户的兴趣和好奇心。再次，选择合适的标签是重要的，它可以使视频在搜索结果中更容易被发现。最后，根据用户的行为习惯，选择发布时间也很关键。在用户最活跃的时间段发布视频，可以提高观看次数和分享次数。

通过优化短视频的发布元素，乡村文旅品牌可以提高视频在新媒体平台上的曝光度和吸引力，扩大品牌的影响范围，吸引更多用户关注和参与。

（五）定期发布

定期发布短视频是保持用户参与度的重要策略。品牌应该建立稳定的发布计划，以确保定期给用户提供新的、有趣的内容。这种频率可以根据品牌的资源和用户的需求来确定，可以是每周、每两周或每月发布一次。通过定期发布，品牌能够保持用户的关注，增加他们的互动和参与。此外，品牌应该密切关注用户的反馈和评论，了解他们的需求和喜好，并及时调整内容策略，提供更符合用户期待的短视频内容。通过定期发布和与用户互动，品牌能够与用户建立更紧密的关系，提高用户的参与度和忠诚度。

三、新媒体下短视频的推广策略

在新媒体环境下，乡村文旅品牌可以采取多种推广策略来提升短视频的影响力和传播效果。首先，品牌可以利用新媒体平台提供的推广工具，如置顶、推荐、广告等，增加短视频的可见度和曝光率。其次，与网红和 KOL 合作推广，他们拥有庞大的粉丝群和高影响力，可以帮助品牌快速传播短视频，扩大品牌的知名度。再次，通过鼓励用户生成内容和口碑传播，品牌可以增强用户的参与感，让用户成为品牌的传播者，将品牌信息传播给更多的人。最后，可以举办在线活动，如挑战、竞赛、直播等，吸引用户参与和互动，提高品牌的曝光率和知名度。通

过综合运用这些推广策略，乡村文旅品牌可以有效地推广短视频，扩大品牌影响力，吸引更多用户关注和参与。

（一）平台推广工具运用

平台推广工具（如置顶、推荐、广告等）是新媒体平台提供的有效的推广方式，乡村文旅品牌可以充分利用这些工具，提升短视频的可见度和影响力。其中，置顶功能可以将短视频固定在平台首页或相关频道的顶部位置，使其更容易被用户注意到；推荐功能可以将短视频推送到用户的个性化推荐列表中，增加曝光机会；广告投放则可以通过付费方式，在平台上进行定向推广，将短视频展示给更多用户。

通过合理选择和运用平台推广工具，乡村文旅品牌可以将短视频置于用户关注的焦点位置，提高视频的曝光率和点击率。同时，这些工具还可以帮助品牌针对特定的用户群体进行定向推广，将短视频展示给更符合目标受众特征的用户，提高品牌的精准触达度。

值得注意的是，平台推广工具的使用需要结合品牌的推广目标和预算进行合理规划。品牌可以根据需求和资源情况，选择适合的推广工具，并进行有效的数据监测和分析，以优化推广效果。通过充分利用平台推广工具，乡村文旅品牌可以提升短视频的曝光度和传播效果，吸引更多用户关注和参与，从而提升品牌的知名度和影响力。

（二）网红、KOL合作推广

与网红和KOL进行合作是一种强大的推广策略，尤其适用于新媒体平台上的短视频推广。网红和KOL通常拥有大量的忠实粉丝和高影响力，他们的推荐和分享可以迅速传播给广大的用户群体，有效提升品牌的知名度和影响力。对于乡村文旅品牌而言，与网红和KOL合作具有许多好处。首先，品牌可以邀请他们来到乡村参观，体验乡村的美景、文化和生活，然后制作和分享相关的短视频。这样的合作可以让品牌通过他们的视角和个人魅力展示乡村的魅力，吸引更多的目标用户关注和了解乡村文旅品牌。

其次，品牌还可以与网红和KOL举行联名活动，共同推出具有创意和互动性的短视频内容。例如，可以邀请他们参与乡村文化节日的庆祝活动，或者与他们一起开展有趣的挑战和互动，吸引用户参与和分享。这样的合作不仅能提升品牌的形象和口碑，还能通过网红和KOL的粉丝群体快速传播品牌信息，达到更广泛的影响效果。

与网红和KOL合作时需要注意选择合适的合作伙伴，确保其与品牌的价值观和目标用户群体相契合。另外，合作的方式和内容也需要与他们进行充分沟通和协商，确保实现共赢。

（三）用户生成内容与口碑传播

用户生成内容与口碑传播是一种强大的推广策略，可以帮助乡村文旅品牌扩大品牌影响力和知名度。通过鼓励用户生成内容，如分享他们在乡村旅行的照片和视频，写下他们的体验和感想，可以激发用户参与和创造的热情，增强用户的参与感。

品牌可以通过举办相关活动来鼓励用户生成和分享内容。例如，可以举办摄影比赛，邀请用户将自己在乡村拍摄的美景和独特场景的照片上传网络并分享，以展示乡村的魅力。同时，还可以组织旅行日记比赛，鼓励用户记录自己在乡村旅行中的经历和感受，让更多的人了解乡村的特色和魅力。用户生成内容不仅可以增加用户参与度，还能通过口碑传播品牌信息。当用户分享自己的乡村体验时，他们的朋友、家人和社交圈子也会受到影响，从而产生对乡村文旅品牌的兴趣和好感。这种口碑传播具有信任度高、影响力大的特点，可以帮助品牌快速扩散和传播。

为了鼓励用户生成内容，品牌可以制定一定的激励机制，如优惠券、抽奖活动或与用户生成内容相关的奖励。这样可以进一步提高用户的积极性，增加他们参与活动的动力。

（四）在线活动推广

在线活动推广是一种有趣而有效的策略，可以帮助乡村文旅品牌吸引用户参与并提高品牌的曝光度和知名度。通过举办挑战、竞赛、直播等在线活动，品牌可以与用户互动，并激发用户的参与和分享欲望。

例如，品牌可以举办一场名为“最美乡村”的挑战活动。品牌邀请用户在活动期间上传他们在乡村旅行的照片和视频，展示乡村的美丽和特色。参与者可以分享他们在乡村旅行中的精彩瞬间、壮丽风景或与当地人互动的经历。其他用户可以通过点赞、评论和分享来支持自己喜欢的作品。这样的活动不仅能够增加用户的参与度和互动性，还能通过用户的分享和推荐，将品牌的信息传播给更多的人。此外，品牌还可以举办竞赛活动，如摄影比赛、创意短视频比赛等，鼓励用户展示他们对乡村的独特视角和创意表达。这样的活动可以吸引更多的参与者，使他们有机会展示和分享才华，从而产生成就感和认同感。

直播也是一种互动性较强的在线活动方式。品牌可以选择在特定的时间进行直播，通过实时互动、讲解和展示，向用户展示乡村的特色和魅力。用户可以在直播中提问、评论和分享自己的观点，增加与品牌的互动，也可以通过分享直播回放的方式将乡村文旅品牌推荐给其他人。

通过举办在线活动，乡村文旅品牌可以积极与用户互动，提高用户的参与度和忠诚度，同时扩大品牌的曝光率和知名度。这些活动不仅能够为用户带来乐趣和参与感，还能够让更多的人了解和认可乡村文旅品牌的独特价值和魅力。

四、新媒体下的短视频互动与管理

乡村文旅品牌在新媒体平台上必须重视新媒体下的短视频互动与管理。构建互动社区、积极回应用户反馈、管理用户生成内容、维护社区秩序以及通过互动收集用户数据等策略，都有助于增加用户参与度、提升品牌形象和改进决策。通过有效的互动与管理，乡村文旅品牌能够建立稳固的用户关系，获得用户的信任和忠诚，并为品牌的发展和提升打下坚实基础。

（一）构建互动社区

构建互动社区是乡村文旅品牌在新媒体平台上提高用户参与度和忠诚度的重要策略。通过创建专门的话题或社区，品牌可以为用户提供交流和分享的平台，邀请他们分享旅行经验、提出问题或者进行有意义的讨论。这种互动能够促进用户之间的交流和互动，增加他们的参与感和归属感。同时，品牌也可以通过互动社区了解用户的需求和意见，提供更好的服务和体验，进一步巩固用户对品牌的忠诚度。

（二）积极回应用户反馈

积极回应用户反馈是乡村文旅品牌在新媒体环境下与用户建立良好关系的重要方面。品牌应该及时回复用户的评论、问题和建议，表达关心和感谢之情，并努力解决他们提出的问题或提供满意的解决方案。这种积极回应不仅能够增加用户的满意度和忠诚度，还能够树立品牌的良好形象。通过与用户的积极互动，品牌可以与用户建立良好的信任关系，用户会感受到被重视和关注，从而更愿意支持和推荐品牌。

（三）管理用户生成内容

管理用户生成内容是确保乡村文旅品牌在新媒体下的短视频互动中保持积极形象和内容质量的重要任务。品牌可以设置一些规定和准则，以确保用户生成内容符合品牌的形象和价值观。这些规则可以涵盖内容的主题、语言、道德准则等方面，以保持内容的积极性和正面性。同时，对于那些优质、精彩的用户生成内容，品牌可以进行推广，例如在社交媒体上分享或者在官方平台上展示，以提高其曝光度和影响力，同时激励更多的用户参与创作，增加互动性和用户忠诚度。通过适当管理用户生成内容，品牌可以塑造积极向上的品牌形象，并与用户建立更加紧密的关系。

（四）维护社区秩序

维护社区秩序是乡村文旅品牌在新媒体下的短视频互动与管理中的重要任务。品牌可以通过制定明确的社区规定和准则，确保用户在社区中的行为和内容符合积极、友好和尊重的原则。品牌还可以设立版主、管理员等角色，负责监督社区的内容和行为，及时处理违规行为和争议，维护社区的健康发展。这些版主和管理员可以协助品牌管理社区，

回答用户提出的问题，为用户提供支持和指导，以建立积极、互助和友好的社区氛围。通过维护社区秩序，品牌可以促进用户间的良好互动，增加用户参与度和忠诚度，打造积极向上的社区环境。

（五）通过互动收集用户数据

通过与用户的互动行为，乡村文旅品牌可以收集大量有价值的用户数据。这些数据包括用户的兴趣爱好、行为偏好、反馈意见等，他们能为品牌的决策提供重要依据。通过数据分析，品牌可以深入了解用户的需求和趋势，识别潜在的市场机会，并相应地改进产品或调整策略。例如，通过分析用户的互动数据，品牌可以了解哪种类型的短视频更受用户欢迎，从而制定更具吸引力的内容策略。此外，通过数据分析还可以进行用户细分，了解不同用户群体的特点和需求，有针对性地开展推广和营销活动。通过有效的互动和数据收集，乡村文旅品牌能够更加深入地了解用户，提供更符合他们期望的内容和体验，提高用户满意度和忠诚度。

五、新媒体下的短视频效果评估反馈

在新媒体时代，短视频已经成为一种极其重要的品牌宣传手段。借助各大新媒体平台，品牌可以通过创作和发布短视频，向大众展示自身的价值和魅力。然而，如何衡量短视频的效果，如何根据反馈来优化短视频策略，是每个品牌都必须面对的问题。

（一）数据跟踪与分析

数据跟踪与分析是新媒体下短视频效果评估反馈的重要环节。通过新媒体平台提供的丰富数据跟踪和分析工具，品牌可以深入了解短视频的传播效果。观看次数、分享次数、点赞次数和评论内容等数据可以为品牌提供有价值的信息，帮助评估短视频的效果和影响力。

通过数据分析，品牌可以了解哪些内容更受用户欢迎，哪些策略取得了较好的效果。例如，如果某个短视频的观看次数和分享次数较高，而评论内容也是积极正面的，这表明该内容在用户中产生了积极的共鸣。品牌可以通过对成功案例的分析，总结出一些成功的要素和策略，并在后续的短视频制作中加以应用。

此外，数据分析还可以帮助品牌发现潜在问题和改进空间。如果某个短视频的观看次数较低，或者评论中存在较多的负面反馈，品牌可以进一步分析原因，例如是不是内容不够吸引人、发布时间选择不当或者推广策略存在问题。通过数据的指引，品牌可以及时调整和优化短视频的制作和推广策略，提升推广效果和用户体验。

（二）用户反馈收集

用户反馈收集是新媒体下短视频效果评估反馈的重要环节。除了通过数据分析获取统计信息，品牌还应积极收集用户的直接反馈，以了解他们对短视频的评价、建议、问题等。用户反馈是宝贵的信息源，可以帮助品牌深入了解用户的需求和想法。通过收集用户的意见和反馈，品牌可以得知用户对短视频的喜好、关注的焦点以及对品牌形象的看法。这些反馈可以提供有针对性的指导，帮助品牌改进短视频的内容和形式，更好地满足用户的期望。

品牌可以在短视频的评论区、社交媒体平台、网站留言板等渠道上主动引导用户进行反馈，或者设立专门的反馈通道供用户提供意见和建议。此外，品牌还可以通过用户调研、举办反馈活动等形式，鼓励用户积极参与，提供真实而有价值的反馈信息。品牌应认真对待和分析收集到的用户反馈，可以将反馈归纳整理，识别出一些共性问题和关键点，然后有针对性地进行改进和优化。同时，对于用户的反馈，品牌也应及时回复和解答，展现出对用户意见的重视和关注，进一步增强用户的满意度和忠诚度。

（三）A/B 测试

A/B 测试是一种常用的评估短视频效果的方法，在新媒体下尤为重要。通过 A/B 测试，品牌可以对比并评估不同的短视频策略的效果，以确定最佳方案并提高短视频的效果。在 A/B 测试中，品牌将短视频策略分为两个或多个版本，每个版本在某个方面有所差异，如内容、风

格、发布时间等。对这些版本在相同条件下进行测试，并且对比它们的表现。

通过 A/B 测试，品牌可以获取具体的数据和指标，如观看次数、分享次数、互动率等，从而对比不同版本的短视频策略的效果。这有助于品牌了解哪种策略更受欢迎、更有效，以及如何进一步改进和优化短视频的内容和形式。例如，品牌可以创建两个不同版本的短视频，一个版本强调乡村的自然风光，另一个版本则突出乡村的文化特色。然后在相同的平台和时间段内发布，通过观看次数、分享次数和用户反馈等指标，对比两个版本的表现。基于这些数据，品牌可以确定哪个版本更受用户欢迎，从而为未来的短视频制作提供指导和改进方向。

A/B 测试可以帮助品牌进行有针对性的优化，不断提升短视频的效果和吸引力。通过不断尝试和对比不同的策略，品牌可以找到最佳方案，提高短视频的观看率、互动率和用户参与度，进而增强品牌的影响力和忠诚度。

（四）效果评估与反馈周期

定期进行效果评估与反馈是保证短视频持续改进和提升的关键。品牌应该制定一定的评估周期，以便及时了解短视频的效果，并根据评估结果进行相应的调整和优化。

定期的效果评估可以帮助品牌了解短视频在平台上的表现，以及是否达到预期目标。通过评估观看次数、分享次数、互动率、用户反馈等指标，品牌可以了解短视频的受欢迎程度、用户参与度和口碑影响力。除了定量指标的评估，品牌还应该收集和分析用户的定性反馈，如评论、留言、调查问卷等。这些反馈可以提供更详细的洞察，帮助品牌了解用户对短视频的喜好、需求和改进建议。

根据评估结果，品牌可以及时调整短视频的内容、风格、发布策略等，以优化用户体验并提高推广效果。如果某些策略和内容受到用户欢迎和赞赏，品牌可以进一步加强和扩大这些方面，以增强短视频的效果。如果存在改进空间，品牌可以针对问题进行相应的调整。定期的效果评估与反馈周期可以根据品牌的需求和资源来确定。一般而言，较短的周期（如每周或每月）可以提供更频繁的反馈和调整机会，而较长的周期（如每季度或每半年）则更适用于整体效果评估和战略调整。

（五）持续优化与迭代

持续优化与迭代是在新媒体环境下成功推广短视频的关键步骤。品牌需要不断地进行优化和改进，以适应快速变化的新媒体环境，提高短视频的效果和品牌的竞争力。

首先，品牌应该根据定期的效果评估和用户反馈，识别出短视频在制作、发布、推广和管理等方面存在的问题和改进空间。根据这些发现，品牌可以制订相应的优化策略和行动计划。

其次，品牌应该关注新媒体平台的最新趋势和技术创新，及时采用新的工具和功能，以提升短视频的制作和推广效果。这可能涉及新的编辑技巧、增加互动元素、采用创新的推广方式等，以吸引用户的注意力和参与度。

再次，品牌还应该关注竞争对手和行业的最新动态，了解他们的成功经验和最佳实践。通过学习和借鉴，品牌可以发现新的创意和方法，不断提升短视频的质量和创新性。持续优化与迭代还包括不断试验和尝试新的策略和内容形式。品牌可以进行小规模的试点测试，比较不同策略的效果，以确定最佳方案。同时，品牌也需要灵活调整策略以适应不断变化的用户需求和市场趋势。

最后，持续优化与迭代需要建立一个反馈和学习的循环。品牌应该定期进行效果评估和反馈收集，将这些反馈和数据作为改进的依据，并及时进行相应的调整和优化。通过持续优化和迭代，品牌可以不断提升短视频的质量和效果，增强用户的参与度和忠诚度，同时提高品牌在新媒体环境下的竞争力和影响力。

第三节　短视频赋能乡村文旅品牌力的新媒体效果评估与优化

一、新媒体下的效果评估方法

（一）定义并跟踪关键性能指标（KPIs）

定义并跟踪关键性能指标（KPIs）是在制定乡村文旅品牌短视频策略时的重要步骤。通过明确并量化目标，将其转化为可度量的关键性能指标，可以直接反映短视频的传播效果和受欢迎程度。这些指标可能包括观看次数、点赞数、分享数、评论数等。观看次数可以衡量视频的曝光度和吸引力，点赞数可以反映用户对视频内容的喜爱程度，分享数可以衡量视频的传播范围和影响力，评论数可以反映用户的参与度和互动程度。通过跟踪这些关键性能指标，乡村文旅品牌可以及时评估短视频的传播效果，了解其受欢迎程度，进而调整和优化策略，提升短视频的影响力和品牌形象。

（二）解读用户行为数据

解读用户行为数据是评估短视频效果的重要步骤。用户在新媒体平台上的行为，如观看、点赞、分享、评论等，都会留下宝贵的数据痕迹。通过收集和分析这些数据，可以深入了解用户的需求和喜好，洞察他们对短视频的反应和互动方式。这样的数据分析可以帮助乡村文旅品牌评估短视频的表现，发现用户的喜爱点和改进空间，为优化策略提供有力依据。通过对用户行为数据的深入解读，品牌可以更准确地把握用户的兴趣和偏好，进而精心调整短视频的内容和形式，提升用户体验和品牌影响力。

（三）运用 A/B 测试与多变量测试

A/B 测试与多变量测试是常见的效果评估方法，可以帮助乡村文旅品牌找出最佳的短视频策略或方案。通过 A/B 测试，可以对比两个或多个版本的短视频，例如不同时间发布、不同内容、不同风格等，以评估它们的效果差异。这样可以直观地比较不同策略下的观看次数、点赞数、分享数等关键性能指标，并找出最佳选择。类似地，多变量测试可以同时比较多个变量的影响，例如在同一短视频中尝试不同的标题、缩略图、描述等。通过分析不同变量的组合，可以发现对观众反应影响最大的因素。这样的测试方法可以帮助品牌更好地了解用户偏好，优化短视频的效果，提高观众的参与度和满意度。

通过运用A/B测试和多变量测试，乡村文旅品牌可以实时比较不同策略的效果，找出最佳的短视频方案，提高短视频的传播效果和受欢迎程度，从而有效吸引更多的观众和增加品牌的影响力。

（四）测量用户满意度和口碑评价

测量用户满意度和口碑评价是评估短视频效果的重要手段。通过调查问卷、在线评价等方式，品牌可以直接了解用户对短视频的满意度和反馈意见。这些调查和评价可以包括用户对视频内容、制作质量、信息传递、观看体验等方面的评价。品牌可以通过收集用户的意见和建议，了解他们的需求和期望，以便进行相应的改进和优化。

除了用户的个人反馈，口碑评价也是衡量短视频影响力和品牌形象的重要指标。口碑评价可以通过用户推荐给朋友的比例、好评率、在社交媒体上的分享和评论等方式来衡量。品牌可以通过监测社交媒体平台和在线评论的内容，了解用户对短视频的口碑反应。积极的口碑评价表明短视频产生了积极的影响和较高的用户满意度，对品牌的形象和影响力起到正面推动作用。通过测量用户满意度和口碑评价，乡村文旅品牌可以及时了解用户的反馈和对短视频的态度，从而评估短视频的效果，了解品牌在用户心目中的形象和口碑。这些评估结果可以为品牌提供宝贵的参考和指导，帮助其不断改进短视频的内容和策略，提升用户体验和满意度，增强品牌的竞争力和影响力。

二、新媒体下的数据分析与运用

在新媒体时代，数据分析与运用对乡村文旅品牌至关重要。通过数

据可视化和仪表板，品牌可以直观地了解短视频的表现。数据驱动的决策制定使品牌能够基于客观数据做出准确决策。构建和分析用户画像能帮助品牌了解用户需求并提供个性化内容。此外，通过数据预测未来趋势，品牌可以提前应对变化，并制定战略。数据分析与运用将为乡村文旅品牌带来更好的发展机遇和竞争优势。

（一）数据可视化和数据仪表板

数据可视化和数据仪表板在新媒体下的数据分析与运用中起着重要作用。通过将复杂的数据转化为直观的图形，如图表、地图和信息图等，品牌可以更清晰地理解数据分析结果。数据仪表板能够实时展示关键数据指标，如短视频的播放次数、点赞数等，让品牌能够快速了解短视频的表现。这样的可视化工具使数据变得易于理解和解释，帮助品牌进行准确的数据分析和决策制定。品牌可以通过数据仪表板的实时监测，及时发现问题和机会，并有针对性地优化短视频的制作和推广策略。

（二）数据驱动的决策制定

在新媒体下，数据驱动的决策制定变得至关重要。品牌应该依靠数据来做出决策，而不仅仅依靠主观感觉或经验。通过分析用户行为数据，品牌可以深入了解用户的需求和喜好，了解哪种类型的短视频内容更受欢迎，哪种发布策略更有效。数据分析可以提供客观的指导，能让品牌更准确地了解受众群体，优化短视频的制作和推广策略。通过数据驱动的决策制定，品牌可以更好地满足用户需求，提升品牌的影响力和竞争力。

（三）用户画像的构建与分析

用户画像的构建与分析在新媒体下扮演着重要角色。品牌可以通过收集和分析用户的个人信息、行为数据等建立用户画像，以更深入地了解他们的特征和需求。通过构建用户画像，品牌可以了解用户的年龄、性别、地理位置、兴趣爱好等关键信息，从而更准确地定制个性化的短视频内容，以满足用户的需求。了解用户画像还可以帮助品牌把握用户的喜好和消费习惯，精准地传递信息和推送相关内容，提高用户的满意度和参与度。通过分析用户画像，品牌可以精细化运营和推广，提升乡村文旅品牌力，并与用户建立更紧密的关系。

（四）通过数据预测未来趋势

通过数据预测未来趋势是新媒体下数据分析的重要应用之一。品牌可以运用时间序列分析、预测模型等方法，基于过去和现有数据预测未来短视频的趋势和用户行为的变化。通过这些预测，品牌可以更好地了解用户的观看习惯是否会发生变化，哪种内容在未来可能更受欢迎等信息，从而为未来的策略制定提供指导。预测未来趋势可以帮助品牌抢先一步做出相应的调整和优化，以适应新媒体环境的快速变化。同时，这也有助于品牌在激烈竞争的市场中保持竞争优势，提高短视频的效果和影响力。

三、新媒体下的短视频优化策略

在新媒体时代，短视频已经成为乡村文旅品牌宣传的重要方式。然而，新媒体用户的注意力分散，行为多变，如何提高短视频的吸引力和影响力，成了品牌面临的一个重要挑战。所以需要人们寻找并实施有效的短视频优化策略。

（一）基于数据的内容优化

基于数据的内容优化是指通过对已发布的短视频数据进行分析，了解用户对不同内容类型、主题或形式的偏好，并根据这些数据进行持续优化，以提高短视频的吸引力和乡村文旅品牌力。

首先，通过分析数据，可以了解用户对不同类型的内容的喜好。例如，可以比较不同主题或场景的短视频的观看次数和互动情况，找出用户更感兴趣的内容类型。如果发现用户更喜欢自然风光的展示，品牌可以增加更多与乡村美景相关的内容。如果用户更喜欢文化体验或历史故事，品牌可以制作更多有关乡村文化和历史的短视频。

其次，数据分析可以揭示用户对不同形式的短视频的反应。例如，可以比较不同视频长度的观看时长和跳过率，了解用户的观看习惯和偏好。如果发现用户更倾向于观看时间较短的视频，品牌可以适当调整视频长度，使其满足用户的需求。此外，通过分析用户的互动行为，如点赞、分享和评论，可以了解哪些元素或情节能引起用户的积极反应，从而在后续短视频中加以强化。

再次，音乐和配音也是影响短视频观看体验的重要因素。通过分析用户的反馈和数据，可以了解用户对不同音乐风格或配音风格的偏好，进而优化短视频的音频部分。根据不同的内容和情绪，选择合适的音乐或配音，能够增强短视频的吸引力和情感共鸣。

最后，一个引人入胜的故事情节也是吸引用户的关键。通过数据分析，可以了解用户对不同故事情节的反应和参与程度。品牌可以根据这些数据，优化短视频的故事线索和叙事方式，打造更引人入胜的故事，让用户更加投入并留下深刻印象。

（二）视频发布时间与频率的优化

视频发布时间与频率的优化是指通过分析数据，了解用户在新媒体平台上的活跃时间，从而确定最佳的视频发布时间，并根据用户反馈和互动情况调整发布频率，以保持用户的兴趣和参与度。

通过分析数据，可以了解用户在不同时间段的活跃程度。新媒体平台通常提供有关用户活动时间的数据统计，例如每天的观看峰值时段、周末与工作日的差异等。品牌可以利用这些数据找出用户活跃度较高的时间段，并在这些时间段发布短视频，以提高视频的曝光度和观看量。例如，如果数据显示用户在晚上 8 点至 10 点活跃度较高，品牌可以选择在这个时间段发布短视频，以吸引更多用户的注意。品牌还可以根据用户的反馈和互动情况来调整发布频率。通过观察用户的评论、点赞和分享等互动行为，品牌可以了解用户对短视频的兴趣和需求。如果用户对特定类型或主题的视频反应积极且互动频繁，品牌可以增加相关内容的发布频率，以满足用户的需求并保持他们的参与度。如果用户对某些内容表达出疲劳或不感兴趣的态度，品牌应减少相关内容的发布频率，避免用户产生厌倦感。

同时，品牌还可以进行一些实验性的尝试，比如尝试在非常规的时间发布短视频，以观察用户的反应和互动情况。通过收集数据并分析，品牌可以评估这些实验的效果，并根据结果做出相应调整。

（三）标题、标签和描述的 SEO 优化

标题、标签和描述的 SEO 优化是指在短视频发布过程中，针对关键词和搜索引擎算法，对标题、标签和描述等元素进行优化，以提高短视频在搜索结果中的排名，增加其曝光度和点击率。

对于标题的优化，品牌可以选择具有关键词含义的有吸引力的标题。例如，对于一部介绍乡村文旅景点的短视频，可以选择类似“探寻乡村文化之美——XX 乡村景点介绍”的标题，将关键词（如乡村文旅、景点介绍）融入其中，提高短视频在搜索结果中的排名。对于标签的优化，品牌可以选择与短视频内容相关且受众广泛的关键词作为标签。例如，针对上述短视频，品牌可以添加标签如“乡村文旅”“景点介绍”“旅行”等，以便搜索引擎将短视频与相关搜索结果相关联，提高曝光度和搜索可见性。对于描述的优化，品牌可以在短视频描述中巧妙地融入关键词，并提供简明扼要的概述。例如，在描述中强调乡村文旅品牌的特色、短视频的内容亮点，以及观看该视频能够带给观众的价值和体验，从而吸引更多观众点击和观看。

（四）用户的反馈运用于优化过程中

用户的反馈运用于优化过程中是指乡村文旅品牌收集和分析用户对短视频的满意度和改进建议，并将这些反馈信息应用于优化短视频的策略和内容。

品牌可以主动收集用户反馈，通过评论区、调查问卷、社交媒体互动等方式，了解用户对短视频的观点和建议。例如，用户可能提出关于视频内容、故事情节、视觉效果、配乐选择等方面的改进意见。品牌需要仔细分析收集到的用户反馈数据，挖掘出有价值的信息和共性需求。通过整合和归纳用户反馈，品牌可以发现用户的偏好和痛点，确定需要改进的方面，并提出相应的优化方案。

在进行优化时，品牌应结合用户反馈的意见和建议，调整短视频的策略和内容。例如，根据用户对短视频内容的反馈，品牌可以调整故事情节的逻辑性和吸引力，优化视觉效果和编辑技巧，改进音频和配乐的选择，以提高用户的满意度和观看体验。同时，品牌应及时回应用户反馈，展示对用户意见的重视和回应。这不仅能够增强用户对品牌的好感和信任，还能够建立良好的品牌形象和用户关系。

四、新媒体下的持续改进策略

在新媒体环境下，短视频作为乡村文旅品牌宣传的重要手段，需要持续的优化和改进策略来确保其效果最大化。这种持续改进策略主要包括以下几个方面。

（一）循环优化策略

循环优化策略是一种动态的、以数据为基础的优化方法，特别适用于新媒体下的短视频制作和发布。乡村文旅品牌可以通过持续观察和分析发布的短视频，获取宝贵的数据洞察，并据此对内容、形式、发布时间等进行及时调整和优化。

通过数据跟踪和分析工具，品牌可以了解短视频的关键性能指标，如观看次数、点赞数、分享数等。这些数据可以揭示短视频的受欢迎程度和传播效果，帮助品牌了解哪些内容类型、主题或形式更受用户欢迎。基于这些数据洞察，品牌可以持续优化内容，如调整视频的时长、更换音乐和配音、增加引人入胜的故事情节等，以提高短视频的吸引力和影响力。

品牌也应关注用户反馈和互动情况。通过收集和分析用户的评论、留言、问卷调查结果等，品牌可以了解用户对短视频的满意度和改进建议。用户反馈是一种宝贵的资源，可以直接指导品牌的优化方向。品牌可以根据用户反馈，及时调整短视频的内容、形式、音效等，以提升用户的满意度和观看体验。

品牌还可以采用A/B测试和多变量测试的方法，对比不同的短视频策略或方案的效果。例如，可以尝试不同的标题、缩略图、标签等，通过对比数据和用户反馈，找出最佳方案，并应用到短视频制作中。

循环优化策略的核心在于持续观察、分析数据和收集用户反馈，并基于这些信息进行调整和优化。这样的循环过程让乡村文旅品牌能够始终保持最佳状态，不断提升短视频的质量和效果，从而增强品牌的影响力和竞争力。

（二）用户参与式的改进

用户参与式的改进是一种创新的方式，可以使用户直接参与短视频的优化过程，从而更好地满足他们的需求和偏好。通过邀请用户提供内容主题或通过投票选择下一个短视频的主题，品牌可以增强用户的参与度，并使自己的改进更贴近用户的实际需求。

首先，品牌可以主动邀请用户提供内容主题或创意。通过开设专门的渠道，如社交媒体平台或在线论坛，品牌可以鼓励用户分享他们对乡村文旅的独特见解、故事和体验。这种用户参与的方式不仅让用户感到被重视，还为品牌提供了丰富的创意和灵感，帮助他们制作更具吸引力的短视频内容。

其次，品牌可以通过投票的形式让用户选择下一个短视频的主题或内容。通过在社交媒体平台或品牌官方网站上发起投票活动，品牌可以让用户参与决策过程，选出他们最感兴趣的主题或内容。这样的参与式决策不仅让用户感到被重视，也增强了用户对品牌的认同感和忠诚度。

通过用户参与式的改进，品牌能够更好地了解用户需求，使改进更加符合用户的期望和喜好。同时，这种参与式的改进也增强了用户与品牌之间的互动和联结，促进了用户对乡村文旅品牌的参与和推广。这种共同创造的过程不仅能够提升短视频的质量和受欢迎程度，还能够增强品牌形象，打造更具影响力的乡村文旅品牌。

（三）学习和借鉴行业最佳实践

学习和借鉴行业内成功的乡村文旅品牌的短视频策略是一种重要的优化方法。通过关注和研究行业内成功品牌的实践，可以获得宝贵的经验和教训，为自己的短视频策略提供参考和借鉴。

品牌可以关注行业内的领先品牌，了解他们在短视频制作和推广方面的成功经验。这可以通过观察他们的短视频内容、发布频率、互动方式等方面来实现。了解他们的成功之处，可以为品牌提供灵感和启示，促进其在短视频领域取得更好的发展。此外，也需要关注行业内的失败案例和教训。通过研究其他品牌的挫折和错误，可以避免出现类似的失误，降低风险。了解他们面临的问题和困难，可以为自己的短视频策略提供警示和借鉴，使品牌能够更好地规避潜在的风险。

在学习和借鉴行业最佳实践时，品牌需要保持开放的心态，并灵活地应用学到的经验和教训。每个品牌都有独特的特点和目标受众群体，因此需要根据自身情况进行合理的调整和创新。通过学习他人的经验，品牌可以站在巨人的肩膀上，加速自身在短视频领域的发展，提升乡村文旅品牌力。

（四）采用新技术和新工具

采用新技术和新工具是乡村文旅品牌在新媒体下优化短视频的重要策略之一。随着新媒体技术的不断进步，新的工具和技术的出现为短视频的制作和推广提供了更多可能性和创新方式。

AI 技术可以在短视频制作中发挥重要作用。通过 AI 技术，品牌可以实现自动化的视频编辑、字幕生成、画面优化等，提高制作效率和质量。此外，AI 还可以用于内容推荐和个性化推送，根据用户的兴趣和行为数据，向其推荐最适合的短视频内容，提升用户体验和参与度。AR/VR 技术可以为短视频带来更加沉浸式和互动性的体验。通过 AR 技术，品牌可以将虚拟元素与现实场景相结合，创造出丰富的视觉效果和互动体验。VR 技术则可以让用户身临其境地体验乡村文旅的美景和特色，增强短视频的吸引力和传达效果。另外，互动技术也是提升短视频效果的重要手段。品牌可以利用互动技术，如投票、抽奖、互动游戏等，引导用户参与短视频内容，增加用户的互动和参与度。这不仅可以提升用户体验，还可以促进品牌与用户的互动和交流，增强品牌形象和用户黏性。

第七章　短视频赋能乡村文旅品牌力的实施路径

短视频赋能乡村文旅品牌力的实施路径是一个综合性的战略体系，它涵盖政策体系完善、人才体系培养、技术体系保障和服务体系保障等多个方面。在这一章中，我们将探讨如何通过完善政策环境、培养人才、保障技术和提升服务质量来实现短视频对乡村文旅品牌力的赋能。

第一节　短视频赋能乡村文旅品牌力的政策体系完善

一、短视频发展的政策环境

短视频作为一种新兴的信息传播方式，其发展离不开政策的支持和引导。中国政府近年来对短视频行业的发展给予了大力支持，制定了一系列政策措施，以推动短视频产业的快速发展。

为了促进短视频产业的创新，政府出台了一系列扶持政策，如提供研发资金支持，鼓励企业和个人创新短视频内容和形式。这些政策激发了短视频行业的创新活力，催生出大量高质量的短视频内容，丰富了公众的信息选择。

政府通过政策推动短视频技术的研发和应用。例如，为研发具有自主知识产权的短视频播放技术，政府提供了科技研发基金。这些政策促进了短视频技术的发展，提高了短视频的播放质量，提升了用户体验。政府通过优化政策环境，鼓励和引导短视频行业健康发展。例如，政府出台了短视频内容审查制度，规范了短视频内容的发布，提高了短视频

的社会责任感。同时，政府出台了一系列优惠政策，如税收减免、优惠贷款等，减轻了短视频行业的经营压力，提升了行业的发展活力。

中国政府在乡村旅游发展政策中也明确提出了利用短视频推动乡村旅游的策略。政府鼓励通过短视频展示乡村的自然风光、民俗文化和旅游资源，吸引更多的人走进乡村，体验乡村生活，推动乡村旅游发展。

当前的政策环境对于短视频的发展是十分有利的。政府的各项扶持政策和引导措施，为短视频的创新发展提供了良好的外部条件，也为乡村文旅品牌力的提升奠定了坚实基础。

二、政策对乡村文旅品牌力的影响

政策在一定程度上可以刺激和引导乡村文旅品牌的建设和发展。

（一）刺激乡村文旅项目的建设和发展

政府的财政补贴可以帮助乡村文旅项目解决资金问题，促进项目的顺利开展。税收优惠政策可以减轻企业的税负压力，提高项目的盈利能力。此外，政府提供低息贷款的支持可以降低项目的融资成本，吸引更多的投资者参与乡村文旅项目建设。这些政策的实施可以激发乡村文旅项目的发展潜力，推动其规模扩大和品牌影响力提升。

（二）改善乡村文旅项目的经营环境

政府可以制定相关的规章制度，加强对乡村文旅市场的监管，打击不合规和低质量的经营行为，维护市场的公平竞争环境。政府还可以提供相关的培训和指导，帮助乡村文旅从业者提升服务水平和管理能力，提供更好的旅游体验。此外，政府可以加强基础设施建设和公共服务配套，如道路交通、水电供应、卫生设施等，改善乡村文旅项目的基础条件，提升游客的满意度和体验感。这些政策的实施有助于优化乡村文旅项目的经营环境，提升品牌的形象和声誉，吸引更多游客和投资者关注和支持。

（三）促进乡村文旅品牌的传播

政府的短视频政策支持对乡村文旅品牌的传播具有重要影响。通过对短视频内容和格式的规范，政府可以引导短视频创作者在乡村文旅领域创作高质量、富有吸引力的内容，突出乡村文旅品牌的独特魅力和特色。同时，政府对短视频技术研发的支持可以提升短视频的制作水平和播放质量，为观众提供更好的观看体验。短视频具有传播速度快、传播范围广泛的特点，能够迅速吸引用户的注意力并促进信息传递。政府可以通过搭建乡村文旅短视频平台、举办相关的短视频创作比赛和活动等，鼓励和支持短视频创作者在乡村文旅领域进行创作，将乡村文旅的美景、民俗、特色产品等内容以生动、有趣的方式呈现给观众。

此外，政府可以与短视频平台和影视行业合作，推动乡村文旅品牌在热门短视频平台上的推广，通过投放广告、合作推广等方式，提升品牌的知名度和曝光度。

通过政策对短视频的引导和支持，乡村文旅品牌可以利用短视频这一强大的传播工具，将乡村独特的文化、风景和体验传递给更多的人群，提升品牌的影响力和认知度，进而吸引更多游客前往体验和消费，推动乡村文旅品牌的发展和壮大。

（四）保障乡村文旅项目的持续运营

政府可以通过土地政策和法规，为乡村文旅项目提供稳定的土地使用权，确保项目得到长期保障和持续运营。政府还可以加强对乡村文旅项目的保护，包括知识产权保护、品牌商标保护等方面，防止盗版和侵权行为，维护乡村文旅品牌的权益。

政府可以建立健全的支持机制，为乡村文旅项目提供持续的资金支持和财务扶持。政府可以设立专项基金，用于支持乡村文旅项目的运营和发展，提供低息贷款、补贴和奖励等形式的财务支持，保障项目的稳定运营和发展。

政府还可以加强对乡村文旅从业者的培训和引导，提升其经营管理能力和服务水平，帮助他们应对市场变化和挑战，保证项目的良性运营。

（五）提升乡村文旅项目的社会影响力

政府可以制定短视频平台的管理规定，要求平台在内容推荐和展示上注重公共利益和社会责任，推荐和宣传优质的乡村文旅项目，鼓励创作者制作正面、积极向上的短视频内容。政府还可以与短视频平台合作，共同推动优质乡村文旅内容的推广和宣传，引导创作者关注乡村文旅的美景、文化和特色，通过短视频的展示和传播，让更多人了解和关注乡村文旅项目。

政府还可以加强与媒体和社交平台的合作，通过新闻报道、社交媒体推广等方式，扩大乡村文旅项目的曝光度和影响力。政府可以组织和支持媒体、网红和KOL等进行乡村文旅项目的采访和宣传，鼓励他们以正面、真实的方式呈现乡村的美景和故事，推动乡村文旅品牌的传播和推广。

通过政策的引导和推动，乡村文旅项目可以得到更多媒体和社会的关注，进而提升社会影响力和公众认同度。公众对乡村文旅项目的认可和支持，会进一步推动乡村文旅品牌的发展，吸引更多的游客和投资者参与其中，实现乡村振兴和旅游产业的可持续发展。

三、短视频赋能乡村文旅品牌力的政策支持

政府提供资金支持，优化政策环境，提供技术和培训支持，从而推动乡村文旅项目与短视频相结合，提升品牌力和传播效果。这些政策的实施对乡村文旅行业的发展产生了积极影响，进一步推动了乡村振兴和旅游产业的融合发展。

（一）资金支持

乡村文旅项目的创新和发展往往需要大量的投资，而政府的资金支持能够在一定程度上减轻项目的财务压力，促进项目的顺利推进。政府的资金支持对于乡村文旅项目的发展至关重要。

政府可以直接投资或提供财政补贴，为乡村文旅项目提供启动资金或运营资金。这些资金可以用于短视频的制作和宣传、乡村旅游景点的

改造和升级、基础设施建设和服务质量提升等方面。政府的直接投资和财政补贴可以减轻项目的财务压力，提高项目的可行性和成功率。政府也可以通过低息贷款的方式提供资金支持，帮助乡村文旅项目解决融资问题。低息贷款可以降低项目的融资成本，减少项目运营过程中的财务压力，促进项目的顺利推进和持续发展。政府还可以通过税收优惠政策来支持乡村文旅项目。例如，对于符合条件的乡村文旅项目，政府可以给予税收减免或税收优惠，降低企业的税负压力，提升项目的盈利能力和竞争力。

（二）优化政策环境

为了优化政策环境，政府可以制定具体的政策举措，以支持和促进短视频在乡村文旅领域的应用和推广。政府可以简化短视频制作和推广的审批流程，简化相关手续，降低成本以及创作者和企业的操作难度。政府还可以建立专门的短视频产业发展机构或平台，提供咨询、指导和支持，为创作者和企业提供必要的资源和帮助。

政府还可以通过优化版权保护政策，鼓励短视频创作者保护自己的作品版权，防止盗版和侵权行为。政府可以建立版权保护机构，加强版权监管和执法力度，保护短视频创作者的合法权益，提高短视频行业的诚信度和创作者的积极性。

规范短视频市场秩序也是优化政策环境的重要方面。政府可以制定相关规章制度，加强对短视频平台的监管，规范短视频内容的发布和传播。政府可以加强对不良、低俗、违法等内容的审核和处罚力度，保护公众的合法权益和社会秩序。此外，政府还可以加强短视频平台的社会责任监督，引导平台积极传播优质的乡村文旅内容，提升短视频的社会影响力。通过优化政策环境，政府为短视频在乡村文旅品牌力的赋能提供了良好的法律和政策保障，为短视频创作者和企业创造了更加稳定、有序的发展环境，进一步推动了乡村文旅品牌的建设和发展。

（三）技术支持

政府的技术支持对于短视频在乡村文旅品牌力的赋能具有重要意

义。政府可以设立科技研发基金，支持短视频技术的研究和创新，推动乡村文旅领域的技术应用。这些基金可以用于研发新的短视频制作工具和软件，提升视频画面质量和编辑效果，增强短视频的创意表现力。政府还可以引进先进的短视频技术和设备，为短视频创作者提供更好的创作工具和平台，提升乡村文旅内容的质量和吸引力。

政府还可以组织技术培训和交流活动，提升短视频创作者和从业者的技术水平和专业素养。政府可以与高校、研究机构、行业协会等合作，开展短视频技术研讨会、培训课程和实践项目，提供专业的培训和指导，帮助短视频创作者掌握最新的技术趋势和创作技巧，提升短视频制作能力。通过技术支持，政府为乡村文旅项目提供了先进的短视频技术支撑，使创作者能够创作出更具创新性、视觉效果更出色的短视频。这不仅能够提升乡村文旅品牌的形象和吸引力，也能够提高用户的观看体验，进一步推动乡村文旅的传播和发展。

（四）培训支持

政府的培训支持对于乡村文旅项目的发展和短视频赋能起到关键作用。政府可以组织专业的培训课程和工作坊，针对乡村文旅项目的管理、营销、客户服务等方面进行培训，帮助项目团队提升运营能力和管理水平。培训内容可以包括乡村文旅行业的知识和趋势、短视频制作和推广的技巧、市场营销和品牌建设等，旨在提高团队成员的专业素养和能力。此外，政府可以与高校和职业学校合作，开设相关的专业或课程，培养更多的乡村文旅和短视频人才。这些课程可以包括乡村旅游规划与设计、短视频制作与剪辑、数字营销与社交媒体推广等，为学生提供系统的培训和实践机会，培养他们在乡村文旅行业和短视频领域的专业能力和创新思维。

政府的培训支持可以提升乡村文旅项目团队的整体素质，使其具备与时俱进的知识和技能，适应市场需求的变化。这不仅有助于乡村文旅项目的规范化管理和服务质量提升，也能为短视频赋能提供更加专业和优质的内容，进一步提升乡村文旅品牌的竞争力和吸引力。

四、政策的制定与实施策略

（一）政策的制定

1. 政策制定的基础研究

政策制定的基础研究对于乡村文旅项目和短视频行业的发展至关重要。为了制定出适应实际需要和发展趋势的政策，政府需要进行相关的基础研究。

针对乡村文旅项目，政府可以委托专业机构或研究团队进行深入研究。这项研究可以涵盖对乡村文旅发展现状的调查和分析，包括各地区的文旅资源、产业结构、市场规模等。同时，政府还需了解乡村文旅项目的需求和问题，如基础设施建设、环境保护、人才培养等方面面临的挑战。此外，通过评估乡村文旅项目的发展潜力，政府可以预测市场需求、游客流量、潜在收入和就业机会等，并据此制定相应的政策，以促进乡村文旅的可持续发展。在短视频行业方面，政府也需要进行深入研究。这包括对短视频行业发展趋势、技术进步和市场格局的了解。政府可以分析用户需求、平台竞争情况、内容创作和分发技术等方面的数据，以更好地把握短视频行业的发展动态。这样的研究能为政策制定者提供依据，使其能够制定出有针对性的政策，推动短视频行业的创新发展。

此外，政府还可以进行政策评估和案例研究。通过评估已有的乡村文旅和短视频相关政策的效果，并研究成功的项目和企业，政府可以汲取经验教训，为今后的政策制定提供参考。这种基于实践经验的研究有助于政策制定者更好地理解各项政策的影响和可行性。

政策制定的基础研究对于乡村文旅项目和短视频行业的发展至关重要。通过对乡村文旅现状、需求、问题及其发展潜力的研究，以及对短视频行业发展趋势和技术进步的了解，政府可以制定出符合实际需要和发展趋势的政策措施，推动乡村文旅和短视频行业的健康发展。同时，政策评估和案例研究能为政府提供宝贵的经验教训，为未来的政策制定提供指导。

2. 政策的针对性和前瞻性

在制定政策时，政策的针对性和前瞻性是至关重要的原则，特别是在乡村文旅项目和短视频行业这种快速变化和创新的领域。

针对性政策是指政府在制定政策时要深入了解乡村文旅项目的特点、需求和问题，并提供有针对性的解决方案。政策制定者需要明确识别乡村文旅项目面临的挑战，如基础设施不足、环境保护需求、人才培养等，并制定相应的政策支持措施。通过针对性政策的制定，政府可以提供有效的资源和指导，推动乡村文旅项目的发展，提升其品牌力和竞争力。而前瞻性政策是指政府在制定政策时要具备一定的前瞻性，考虑到短视频行业未来可能的发展趋势和技术进步。短视频行业发展迅速，技术和市场环境不断变化，因此政策应具备灵活性和适应性，能够应对未来的挑战和机遇。政府可以关注短视频行业的创新方向、新技术的应用和市场趋势，制定鼓励创新和投资的政策，推动短视频行业的持续发展。此外，政策还应鼓励产业合作与跨界融合，以提升短视频行业的创造力和竞争力。

政府在制定政策时应综合考虑当前需求和未来发展。政策制定者可以与行业专家、企业和学术界合作，进行战略性规划和研究，以确保政策具有针对性和前瞻性。这样的政策制定方法可以更好地适应乡村文旅项目和短视频行业的发展需求，促进其健康、可持续发展。政策的针对性和前瞻性是确保乡村文旅项目和短视频行业持续发展的重要原则。通过制定针对性政策解决实际问题和挑战，以及制定前瞻性政策应对未来发展变化，政府可以为乡村文旅项目和短视频行业创造良好的发展环境，推动其蓬勃发展。

（二）政策的实施

1. 政策实施的沟通协作

在政策实施过程中，政府与乡村文旅项目的实施者之间的沟通和协作至关重要。政府需要积极主动地与实施者沟通，以了解他们的实际需求和困难。通过定期召开会议、举办座谈会或工作坊等形式，政府能够与实施者面对面交流，倾听他们的意见和建议。政府还可以设立合作平台，为实施者提供交流和分享的机会。通过这个平台，实施者之间可以互相学习、分享经验和最佳实践，形成良好的合作氛围。政府可以发挥促进者的角色，提供资源支持和专业指导，帮助实施者克服困难，共同推动乡村文旅项目发展。

收集反馈意见也是沟通协作的重要环节。政府应该主动征求实施者对政策实施效果的反馈意见，并通过定期调查、问卷调查或重点访谈等方式收集意见和建议。这样可以了解政策的实施成效和问题，并及时做出调整和改进，以确保政策能够更好地适应实施者的需求。

为了使所有相关的乡村文旅项目能够及时了解和掌握政策内容，政府需要通过公开、透明的方式发布政策信息。政府可以利用政府网站、传统媒体、社交媒体等渠道广泛宣传政策，并提供详细的解读和指导。这样可以帮助实施者正确理解政策要求，并在实施过程中避免误解和偏差。

为了更好地协调各方利益和关系，政府可以成立专门的协调机构或工作组。这个机构可以起到桥梁和纽带的作用，及时解决实施者遇到的问题和困难，促进各方通力合作和达成共识，推动政策的有效实施。

2. 政策实施的监督与评估

政府在政策实施过程中，应建立起一套有效的政策监督和评估机制，以确保政策的有效执行和改进。为此，政府可以采取以下措施。

第一，政府应在制定政策时明确政策的目标和预期效果，并设定相应的指标和评估标准。这些目标和指标应具体化且可衡量，以便在评估过程中进行准确的比较和分析。

第二，政府需要建立数据收集和监测体系，跟踪和记录乡村文旅项目的实施情况和效果。通过收集项目参与者数量、游客数量、收入增长、就业情况等相关数据，并定期进行数据分析和报告，政府能够评估政策的实施情况。

第三，政府应制订定期评估和中期检查的计划，对政策实施情况进行全面的评估。通过调查、研究、实地考察等方式，了解政策实施的效

果、问题和挑战。评估结果应及时向政策实施者和相关利益方反馈，以便采取必要的调整和改进措施。

第四，政府需要根据评估结果制定应对措施，解决问题并改进政策。这可能包括修订政策细节、提供更多支持和培训、加强宣传和推广等。通过及时采取行动，政府能够更好地解决政策实施过程中遇到的问题，并推动政策的优化和改进。

第五，政府应借鉴和分享好的实践经验，通过制度完善提高政策实施的效果。这包括改进相关法律法规、简化审批流程、提供更多支持和激励措施等。同时，政府还可以通过举办研讨会、经验交流会等活动，促进实施者之间的学习和合作，提升整体实施水平。

通过建立有效的政策监督和评估机制，政府可以及时了解政策实施的效果和遇到的问题，并采取相应的措施加以解决。这将有助于优化政策，提高政策的实施效果，进一步促进乡村文旅品牌力的提升。政府的监督和评估工作是政策实施过程中的重要环节，为实现政策目标和促进可持续发展提供了保障。

第二节 短视频赋能乡村文旅品牌力的人才体系培养

一、乡村文旅与短视频人才需求

在乡村文旅领域，短视频成为提升品牌力的有效工具。通过短视频，可以展示乡村的美丽风光，传播其文化内涵，并吸引更多人对乡村旅游产生兴趣。因此，迫切需要一批熟悉乡村文化、具备短视频制作技能的新型人才。这些人才应该拥有良好的视觉审美能力，熟悉短视频制作工具，擅长社交媒体运营，并且能够与乡村环境和文化进行深度融合。

这些新型人才需要对乡村文化有深入的了解。他们应该熟悉乡村的历史、传统、风俗等方面的知识，能够从文化的角度拍摄和呈现短视频内容。通过对乡村文化的深入挖掘和理解，他们可以打造具有独特魅力的短视频作品，吸引更多人的关注和喜爱。

这些人才还需要掌握短视频制作的技能和工具。他们应该熟悉短视频拍摄、剪辑、特效等方面的技术，能够运用各种创意手法将乡村的美景和文化元素融入视频。他们应该了解不同平台的视频格式和规范，以确保视频能够在社交媒体上流畅播放和传播。

此外，这些人才应当需要具备社交媒体运营能力。他们应该了解不同社交媒体平台的特点和用户需求，能够制定有效的推广策略，提升短视频的曝光度和影响力。通过与粉丝的互动和沟通，他们可以进一步了解观众的反馈和需求，不断改进和优化短视频内容，提升品牌形象。他们应该能够与当地居民和乡村旅游从业者进行合作，深入了解乡村的故事和生活方式，从而更好地呈现乡村的独特魅力。通过与当地人的交流和合作，他们可以创造更加真实和贴近人心的短视频内容，让观众更好地了解和感受乡村的魅力。

乡村文旅与短视频的结合需要一种熟悉乡村文化、掌握短视频制作技能的新型人才。他们应该具备良好的视觉审美能力，熟悉短视频制作工具和社交媒体运营，同时能够与乡村环境和文化进行深度融合，以创作出引人入胜的短视频作品，提升乡村文旅品牌形象。

二、人才培养模式的创新

短视频在赋能乡村文旅品牌力方面发挥了重要作用，因此需要创新的人才培养模式来培养满足这一需求的人才。下面将详细论述短视频赋能乡村文旅品牌力的人才体系培养和人才培养模式的创新。

（一）人才体系培养

短视频赋能乡村文旅品牌力需要一个完整的人才体系来培养各个层次的专业人才。这个人才体系可以包括以下几个层次。

1. 高级战略规划人才

这些人才负责乡村文旅品牌战略规划和短视频传播策略的制定。他

们需要具备深厚的行业经验和战略思维能力，能够分析市场需求和竞争情况，制定针对乡村文旅的品牌传播策略。

2. 创意策划人才

这些人才负责短视频内容的创意和策划工作。他们需要有丰富的创意、想象力和敏锐的观察力，能够将乡村的美景、文化元素融入短视频，以吸引观众的关注和兴趣。

3. 视频制作人才

这些人才负责短视频的拍摄、剪辑和后期制作等工作。他们需要掌握专业的摄影和剪辑技术，熟悉各种短视频制作工具和软件，能够将创意转化为高质量的视频作品。

4. 社交媒体运营人才

这些人才负责在社交媒体平台上推广和传播短视频。他们需要了解不同社交媒体平台的特点和用户需求，能够制定有效的推广策略，提升短视频的曝光度和影响力。

（二）人才培养模式的创新

要培养适应短视频赋能乡村文旅品牌力的人才，需要用创新的人才培养模式，这样才能提供更有实践性和综合性的培养方式。以下是一些创新的人才培养模式。

1. 实践导向

注重实践环节的设置，通过与乡村旅游点、乡村文化组织等合作，为学生提供实践机会。学生可以参与实际项目，锻炼实践操作能力，并深入了解乡村环境和文化。这样的实践机会可以增加学生的实际经验，并将所学知识应用于实践，提高他们在短视频领域的实践能力。

2. 跨学科融合

跨学科的教学和资源整合可以提供更全面的人才培养。将文化学、设计学、传媒学等相关学科的知识与技能融合到短视频培养，培养学生的综合能力和跨领域思维。学校可以开设跨学科的课程，整合相关学科的教学资源，为学生提供全方位的培养和学习机会。

3. 导师制度

聘请行业专家和从业人员作为导师，为学生提供个性化的指导和培养方案。导师可以分享自己的实践经验，帮助学生了解行业发展趋势和市场需求，指导学生进行个人职业规划。这样的导师制度可以使学生更加贴近行业，并提供实用的指导和建议。

4. 创新教学方法和技术支持

采用创新的教学方法和技术支持，激发学生的学习兴趣和创造力。可以采用项目驱动学习、团队合作、虚拟现实技术等方式来培养学生的实际操作能力和创作能力。同时，借助先进的技术支持，如短视频制作软件、虚拟实验平台等，学生可以更便捷地学习和实践，从而提高实际操作能力和创作能力。

通过创新的人才培养模式，可以培养出满足短视频赋能乡村文旅品牌力需求的专业人才。这些人才将能够运用短视频技术和策略，创作出具有影响力的短视频作品，提升乡村旅游的品牌形象，并推动乡村文化的传播与发展。

三、人才引进与保留策略

随着乡村文旅和短视频的结合发展，对人才的需求日渐增多。因此，针对人才的引进和保留，可以从以下几个方面进行策略性的设计和部署。

（一）优化招聘策略

为了吸引到高质量的人才，乡村文旅需要优化招聘策略。首先，需要清晰地定义职位需求和人才特征，包括短视频制作技能的具体要求。这样可以确保招聘的人才具备岗位所需的专业知识和技能，能够有效地应对乡村文旅与短视频的工作需求。

其次，乡村文旅可以充分利用各种招聘渠道来扩大人才的获取范围。在线招聘平台、社交媒体、人才市场等都是寻找人才的有效途径。在招聘过程中，可以制作精美的招聘广告，发布到各大招聘平台和社交

媒体上，吸引更多符合条件的人才关注和应聘。同时，乡村文旅可以与相关院校和培训机构建立合作关系，获取更多优秀的短视频人才资源。此外，乡村文旅还可以举办专门的招聘活动，如人才招聘会、校园招聘等，直接面对潜在的求职者。通过现场交流和面试，可以更全面地了解应聘者的能力和潜力，从中筛选出最适合的人才。

（二）提供良好的工作环境

首先，提供适合创作短视频的工作场地。这包括宽敞明亮的办公室或工作室，以及专业的设备和软件，如高清摄像设备、视频剪辑工具等。良好的工作场地可以提供舒适的创作环境，让人才能够集中精力创作出优质的短视频作品。

其次，提供充足的设备资源。短视频制作需要一系列的设备，如相机、灯光、录音设备等。提供充足的设备资源可以减轻人才的经济负担，让他们能够更专注于创作工作，提高工作效率和质量。

最后，提供舒适的居住环境。乡村文旅可以提供安全、便利、舒适的住宿条件，如宿舍或公寓，设施完善、环境优美的居住环境可以让人才更好地融入当地生活，提高生活质量，同时能更好地平衡工作和生活。

（三）建立良好的激励机制

在短视频创作等创新性工作中，建立良好的激励机制至关重要。一方面，可以为人才设定明确的职业发展路径，为其提供更广阔的职业发展空间和晋升机会，让他们看到未来的发展前景，激发他们的动力和热情。另一方面，将人才的表现与薪酬挂钩，给予有竞争力的薪酬和奖金，以激励他们的工作积极性。这样的激励机制可以激发人才的创造力和创新思维，提高工作质量和效率，进而推动整个团队或组织的发展。

（四）提供持续的培训和学习机会

为了有效地赋能乡村文旅品牌力，提供持续的培训和学习机会尤为重要。除了定期举办专业培训，还需要制订一个以短视频赋能乡村文旅为核心的人才体系培养计划。这样的计划可以针对不同岗位和职业发展阶段，提供有针对性的培训内容和学习机会，帮助员工不断提升自己在短视频创作和文旅领域的技能和知识。这种持续的培训和学习环境不仅有助于提高员工的专业素养和创新能力，还可以展示公司对员工职业发展的关怀和支持。通过培养人才，可以为乡村文旅品牌的发展注入更多创造力和竞争力，提高员工的工作满意度和忠诚度。

（五）建立有效的人才保留策略

为了有效地保留人才并确保他们与短视频赋能乡村文旅品牌力的发展紧密结合，除了激励和培训措施，还可以采取其他策略。首先，建立积极向上、有活力的企业文化，强调创新、合作和成长，激发员工的工作激情和自豪感。其次，营造开放和包容的工作氛围，鼓励员工分享想法和意见，促进良好的沟通和合作。最后，设立员工关怀计划，关注员工的福利和工作与生活的平衡，提供适当的福利待遇和支持，增强员工的福利感和满意度。这些措施有助于增强员工对企业的归属感和忠诚度，促使他们与短视频赋能乡村文旅品牌力的发展密切结合。通过综合考虑激励、培训和人才保留策略，可以打造吸引人才并激发其潜力的工作环境，从而实现企业的可持续发展。

四、未来人才培养趋势

在短视频赋能乡村文旅品牌力的人才体系培养中，未来的人才培养趋势有以下几个主要方向。

（一）技能教育加强

随着科技的快速发展，短视频制作技术不断更新，未来人才培养将更加强调技能教育。教育机构可能会更多地开设短视频制作、社交媒体营销等实践性强的课程，以满足行业对专业技能的需求。

（二）个性化教育发展

每个人都有独特的才华和兴趣，个性化教育将是未来教育的重要方

向。通过精准分析每个学员的兴趣、才华和发展潜力，提供针对性的教育和培训，可以发挥他们的优势，更好地为乡村文旅品牌服务。

（三）数字化和在线教育增长

借助科技力量，未来的人才培养将更加便捷、高效。数字化和在线教育可以让学员在任何地方、任何时间进行学习，不仅提高了学习的效率，也扩大了教育的覆盖面。此外，通过大数据和人工智能等技术，教育机构还可以对学员的学习过程进行实时监督和反馈，以提高教育质量。

（四）跨界合作模式出现

未来的人才培养可能会更加强调跨界合作。例如，教育机构与乡村文旅品牌、短视频平台等企业深度合作，共同开发课程，提供实习实训机会，使学员在学习的同时能直接接触和了解行业实践，提高自身的职业竞争力。

第三节　短视频赋能乡村文旅品牌力的技术体系保障

在乡村文旅品牌力的构建过程中，短视频技术体系的保障起着至关重要的作用。有了技术保障，短视频可以充分发挥其在乡村文旅品牌构建中的优势，提高乡村文旅品牌的影响力和认知度。

一、短视频赋能的技术需求

短视频赋能乡村文旅品牌力的过程中，技术需求起着关键作用。以下是短视频赋能的技术需求的一些重要方面。

（一）高清视频拍摄和制作技术

为了提供视觉上的吸引力和专业感，乡村文旅品牌需要掌握高清视频的拍摄和制作技术。这包括使用高质量的摄像设备、合理运用光线和色彩，以及掌握拍摄技巧和构图原则。

（二）视频剪辑和后期处理技术

视频剪辑和后期处理是短视频制作的重要环节。乡村文旅品牌需要掌握专业的视频剪辑软件和技术，进行片段的选取和剪辑、音效处理和特效添加等，以提升视频的质量和吸引力。

（三）视频分发和推广技术

短视频制作完成后，乡村文旅品牌需要合理选择适当的视频分发渠道，如社交媒体平台、短视频平台等，并利用推广技术将视频有效地传播给目标受众。这涉及了解不同平台的特点、掌握推广策略和工具的使用。

（四）数据分析和用户行为研究

乡村文旅品牌需要关注数据分析和用户行为研究，以评估短视频赋能的效果和影响力。通过分析观看量、互动数据和用户反馈等信息，可以了解观众的偏好和兴趣，进而优化短视频内容和推广策略。

这些技术需求是短视频赋能乡村文旅品牌力的基础和保障。只有深入理解和研究这些技术，乡村文旅品牌才能有效地应用短视频提升品牌形象、吸引目标受众，并实现品牌与短视频的有机结合。因此，在短视频赋能乡村文旅品牌力的过程中，技术体系的建设和持续创新非常重要，需要满足不断发展的技术需求，并不断提升短视频的质量和影响力。

二、技术开发与应用

（一）自主研发技术

乡村文旅品牌可以通过自主研发技术来满足其短视频创作和制作的需求。这种研发可以针对乡村地区的特点和文化底蕴进行定制，以展现乡村的独特之处。例如，可以开发适合拍摄乡村景点、农田美景或传统手工艺的短视频拍摄工具。这样的工具可以帮助品牌创作出具有地

域特色的短视频内容，吸引更多的观众关注乡村文旅品牌，提升品牌影响力。

（二）合作开发技术

除了自主研发，乡村文旅品牌还可以与科研机构或科技企业合作，引进先进的短视频制作和传播技术。合作开发可以帮助品牌更快地获取最新的技术成果，并将其应用到乡村文旅品牌的短视频营销中。科研机构和科技企业通常具有丰富的技术经验和资源，可以提供创新的短视频制作工具、算法或平台。乡村文旅品牌与科研机构或科技企业合作可以提高短视频制作和传播的效率，让乡村文旅品牌更好地利用技术手段进行品牌推广。

（三）技术应用

技术开发完成后，乡村文旅品牌需要根据自身的运营策略合理应用这些技术。首先，使用高质量的视频制作技术可以提升短视频的视觉效果，使其更具吸引力和观赏性。其次，利用有效的视频推广技术可以扩大短视频的传播范围，吸引更多的用户关注和分享。最后，乡村文旅品牌还可以利用精准的用户分析技术，了解用户的喜好和需求，为他们提供更优质的短视频内容和个性化的推荐服务，从而提升用户体验和忠诚度。

（四）技术优化与更新

技术优化和更新是保持乡村文旅品牌竞争力的重要方法。随着技术的不断发展和用户需求的变化，乡村文旅品牌需要不断地优化和更新已有的短视频技术。例如，随着短视频编辑工具的更新，品牌可以拥有更多的创作选项和特效效果，提升视频的表现力。此外，随着社交媒体平台和视频传播渠道的变化，品牌也需要适应新的平台特点和算法规则，以提高视频的传播效果和曝光度。

技术开发与应用在短视频赋能乡村文旅品牌力的过程中具有重要作用。通过自主研发和合作开发，品牌可以获取适合自身需求的短视频制作和传播技术。科学、合理地应用这些技术，品牌可以提升短视频的视觉效果、传播范围和用户体验。持续对技术进行优化和更新，可以保持品牌的竞争力和创新能力。通过技术开发与应用，乡村文旅品牌能够实现品牌力的最大化提升，吸引更多的游客和用户关注乡村的文化和旅游资源。

三、技术难题与解决方案

（一）视频制作的技术难题与解决方案

乡村文旅品牌可能面临视频制作方面的技术难题，比如摄影、剪辑、特效制作等。解决这些问题的方式如下。

1. 外部专业技术支持

品牌可以与专业的摄影师、摄像师、剪辑师等合作，借助他们的专业知识和技术经验来解决视频制作方面的难题。外部专业人员能够提供高质量的视频制作服务，确保视频的内容、镜头、剪辑等方面达到品牌的要求。

2. 增加研发投入

乡村文旅品牌可以增加研发投入，建立自己的视频制作团队或实验室。通过内部研发，品牌可以掌握视频制作的核心技术，提高自身的创作能力和竞争力。

3 引入先进设备

品牌可以投资购买先进的摄影设备、剪辑软件和特效制作工具，提升视频制作的技术水平。这些设备和工具可以提供更多的创作选项和效果，使品牌能够创作出高质量、独具特色的视频内容。

（二）视频传播的技术难题与解决方案

乡村文旅品牌可能面临视频传播方面的技术难题，如如何扩大视频的传播范围、提高用户参与度等。解决这些问题的方式如下。

1. 利用社交媒体平台

乡村文旅品牌可以利用各大社交媒体平台，如微博、微信、抖音

等，进行视频传播。通过与社交媒体平台合作，品牌可以利用平台的用户基数和传播算法，将视频推送给更多的用户，扩大视频的传播范围。

2. 运用搜索引擎优化技术

品牌可以通过优化视频标题、标签、描述等元素，使视频在搜索引擎中更容易被用户找到。通过合理使用关键词、引人注目的缩略图等技巧，可以提高视频在搜索结果中的排名，增加视频的曝光度。

3. 与影响力用户合作

品牌可以与在乡村文旅领域具有影响力的用户合作，让他们分享和推广品牌的短视频。这些影响力用户通常拥有庞大的粉丝群体，他们的推广可以帮助品牌更快地扩大影响力和传播范围。

技术难题在短视频赋能乡村文旅品牌的过程中是不可避免的。乡村文旅品牌可以通过寻求外部专业技术支持、增加研发投入、引入先进设备等方式来解决这些难题。通过合适的解决方案，乡村文旅品牌可以克服技术难题，提升短视频的制作和传播效果，实现品牌力的提升，进而实现推广目标。

四、技术研发与创新

科技进步为短视频赋能乡村文旅品牌力提供了无限可能。短视频作为一种新型传播工具，其内在的技术支撑是极为关键的。无论是视频拍摄技术、视频处理技术还是视频分发技术，都需要随着科技的进步而不断进行研发和创新。

在视频拍摄技术方面，以往的设备和技术可能无法满足现代人对视频质量和视觉效果的高要求。因此，乡村文旅品牌需致力于研发新的拍摄技术，比如使用无人机进行航拍，利用虚拟现实技术为用户提供沉浸式的观看体验。

在视频处理技术方面，与传统的视频处理方式相比，现代的视频处理技术如 AI 视频剪辑、智能美化等，可以极大地提高视频的制作效率和质量，从而吸引更多的用户。乡村文旅品牌需注重这些技术的研发和应用，为用户提供高质量的短视频内容。

在视频分发技术方面，互联网和社交媒体的发展为短视频的传播提供了新的平台和途径。乡村文旅品牌需探索和研发新的视频分发技术和策略，如算法推荐、多平台同步推送等，以扩大视频的传播范围，增加品牌的影响力。

总之，技术研发和创新是乡村文旅品牌使用短视频赋能的关键环节。只有不断追求技术的进步和创新，乡村文旅品牌才能在竞争激烈的市场中突出重围，提高品牌影响力。

五、技术对乡村文旅品牌力的影响

技术对于短视频赋能乡村文旅品牌力具有重要的影响。通过提升短视频制作质量、提高视频传播效率、满足用户需求和提升用户体验，以及增强品牌竞争力，技术为乡村文旅品牌带来了巨大的机遇和潜力。

（一）提升短视频制作质量

先进的技术为乡村文旅品牌提供了丰富的创作工具和特效，使其能够制作出高质量、独具特色的短视频内容。通过技术的应用，乡村文旅品牌能够展现其独特的地域特色和文化底蕴，吸引用户的关注和兴趣。高质量的短视频能够提升用户的观看体验，增强品牌形象和吸引力。

（二）提高视频传播效率

技术为乡村文旅品牌提供了多样化的视频传播渠道和传播策略。通过社交媒体平台、视频分享平台等技术手段，品牌可以将短视频迅速传播给更广泛的受众群体。这样可以扩大品牌的曝光度和传播范围，增强品牌的影响力和知名度。技术的应用使乡村文旅品牌能够更有效地推广短视频内容，吸引更多用户关注和参与。

（三）满足用户需求和提升用户体验

技术通过数据分析和用户行为追踪等手段，可以帮助乡村文旅品牌了解用户的需求和偏好。通过分析用户的观看行为、喜好等数据，品牌能够提供更符合用户兴趣的短视频内容，提升用户体验。技术的应用使品牌能够更好地满足用户需求，提供个性化的推荐服务，提高用户的忠诚度和参与度。

（四）增强品牌竞争力

技术的创新和应用使乡村文旅品牌能够与竞争对手形成差异化。通过技术的支持，品牌能够展示其独特的文化底蕴和旅游资源，吸引更多用户关注和选择。技术的应用为乡村文旅品牌带来竞争优势，使其在市场中脱颖而出。通过技术的不断创新和优化，品牌能够保持竞争力，持续吸引用户和游客，实现品牌力的最大化提升。

第四节 短视频赋能乡村文旅品牌力的服务体系保障

一、服务体系的构建与完善

一个完善的服务体系是实现短视频赋能乡村文旅品牌力的关键。为了构建和完善服务体系，需要考虑多方合作与协同、数据支持与分析以及人才培养与管理等因素。

（一）多方合作与协同

多方合作与协同是构建健全服务体系的基础。在短视频赋能乡村文旅品牌力的过程中，不同机构、企业和组织之间的合作与协同至关重要。通过合作，可以实现资源和信息共享，从而提高服务的效率和品质。例如，短视频平台可以与乡村文旅景区、旅行社、民宿等合作，共同推广和宣传乡村文旅产品。合作还可以扩大服务的覆盖范围，使更多的用户受益于优质的短视频内容和服务。此外，协同推广活动可以通过互相引流和交叉营销，实现更大范围的曝光和传播，进一步提升乡村文旅品牌力。

（二）数据支持与分析

数据支持与分析对于构建和完善服务体系至关重要。通过收集、整理和分析相关数据，可以深入了解用户需求和行为，为服务体系的构建和改进提供指导和支持。短视频平台可以收集用户行为数据和用户反馈数据，了解用户对乡村文旅内容的偏好、兴趣和需求。由此可以优化服务内容，提供更加个性化和精准的推荐。此外，数据分析还可以揭示用户的使用习惯和行为模式，为服务流程和策略的优化提供依据。例如，通过数据分析，可以了解用户对于短视频内容的观看时长、观看次数等指标，从而优化内容制作和推送策略，提高用户的参与度和满意度。

（三）人才培养与管理

拥有专业的人才团队是服务体系构建与完善的重要保障。人才培养与管理需要关注专业知识、沟通能力和服务意识等方面。首先，短视频平台需要拥有一支具备专业摄影、剪辑、策划等技能的团队，以确保提供高质量的乡村文旅内容和服务。其次，团队成员需要具备良好的沟通能力，能够与乡村文旅景区、旅行社等合作伙伴进行良好的协作和沟通。最后，他们还应具备服务意识，关注用户需求，不断优化服务体验。人才培养可以通过培训、经验积累和团队建设等方式进行，以提升团队成员的专业水平和综合能力。

构建和完善服务体系是实现短视频赋能乡村文旅品牌力的重要环节。多方合作与协同、数据支持与分析以及人才培养与管理是构建和完善服务体系的关键要素。通过有效的合作和协同，实现资源和信息共享，提高服务效率和品质。同时，通过数据支持和分析，了解用户需求和行为，优化服务策略和流程。此外，通过人才培养和管理，建立专业的团队，提供高质量的乡村文旅内容和服务。这些措施将有效提升短视频对乡村文旅品牌力的赋能效果，推动乡村文旅事业发展。

二、服务质量的提升

提升服务质量是确保短视频赋能乡村文旅品牌力的重要环节。为了

实现服务质量的提升，可以从用户体验优化、服务流程优化以及培训与监督等方面入手。

（一）用户体验优化

关注用户需求和感受，提供个性化、便捷和舒适的服务体验是提升服务质量的关键。以下是一些优化用户体验的方式。

1. 优化界面设计

简洁明了的界面设计可以提升用户的使用便捷性和舒适感。界面元素的排布、颜色搭配和交互方式都应考虑用户的习惯和喜好。

2. 提供高质量内容

短视频平台应提供具有吸引力和独特性的乡村文旅内容，确保内容的专业性和可靠性，满足用户对信息和娱乐的需求。

3. 快速响应用户反馈

建立反馈机制，及时回应用户提出的问题和建议，增强用户参与感。通过积极倾听用户的声音，及时改进和调整服务，提升用户满意度。

（二）服务流程优化

分析服务流程，寻找优化空间，简化流程并提高效率是提升服务质量的关键。以下是一些优化服务流程的方式。

1. 引入自动化技术

通过引入自动化技术，如智能客服、自动化导览等，可以提高服务效率和准确性，减少人为差错。

2. 优化资源配置

合理配置资源，确保服务的及时性和质量。例如，通过科学规划和预测，合理安排乡村文旅景点的参观时间，避免出现拥堵和排队现象。

3. 加强内部协同

不同部门之间的协同合作可以提高服务的一致性和协调性。建立有效的沟通和协调机制，确保服务流程的衔接和无缝连接。

（三）培训与监督

加强对服务人员的培训与监督是提升服务质量的关键。以下是一些培训与监督的方式。

1. 培训服务人员

通过培训，提升服务人员的专业知识和技能，使其具备满足用户需求的能力。培训内容可以包括乡村文旅知识、沟通技巧和问题解决能力等。

2. 监督服务质量

建立服务质量监督机制，定期进行服务质量评估和考核。对于服务中出现的问题和差错，及时解决和整改。

3. 激励与奖励机制

通过激励与奖励机制，鼓励服务人员提供优质的服务。可以设立奖励制度，表彰优秀的服务人员，提高整体服务质量。

提升服务质量是确保短视频赋能乡村文旅品牌力的重要环节。通过用户体验优化、服务流程优化和培训与监督等方式，可以提高用户满意度和品牌认可度。服务质量的提升将有效促进短视频对乡村文旅品牌力的赋能效果，并推动乡村文旅事业的可持续发展。

三、服务创新与优化

在短视频赋能乡村文旅品牌力的服务体系保障中，服务创新与优化是至关重要的部分。这主要涉及技术创新、内容创新和渠道创新三个方面。

首先是技术创新。在现代社会，人工智能、虚拟现实等新技术的发展已经深深改变了人们的生活方式，这些技术的运用也为乡村文旅的服务品质和用户体验的提升提供了可能。例如，增强现实技术可以将虚拟的信息添加到现实世界，让游客在观看短视频时，就像置身于乡村景点之中，产生全新的沉浸式体验。此外，人们也可以通过人工智能进行精准的用户行为分析，根据用户的喜好推荐最合适的乡村文旅内容，从而

提高用户的满意度和参与度。

其次是内容创新。要想吸引用户的注意力并传递乡村文旅品牌力，必须创新内容形式和呈现方式。一方面，人们可以通过故事化的方式，运用生动的故事和情节去展现乡村文旅的魅力，让用户感受到乡村文旅的深厚文化底蕴。另一方面，人们也可以运用多媒体和互动体验等方式，让用户在参与和互动中更好地理解和接纳乡村文旅的品牌文化，从而提升品牌的影响力和认知度。

最后是渠道创新。随着移动互联网的普及，用户获取信息的渠道变得越来越多样化，这就要求乡村文旅品牌在提供服务的时候，也需要开拓更多的渠道。除了传统的短视频平台，乡村文旅品牌也可以通过社交媒体、移动应用、线下展示等多种方式来宣传和推广，满足不同用户的需求。

总的来说，建立和完善短视频赋能乡村文旅品牌力的服务体系，需要在技术、内容和渠道等多方面进行创新和优化，以提供更好的服务，提升用户的体验，同时更好地传递和提升乡村文旅的品牌力。

四、服务对乡村文旅品牌力的影响

在短视频赋能乡村文旅品牌力的服务体系保障中，服务对乡村文旅品牌力的影响主要表现在用户满意度、口碑传播和长期发展三个方面。

用户满意度是评价服务质量的重要指标。优质的服务体验可以大幅提升用户满意度，从而提高用户对乡村文旅品牌的认同和推广力度。提供优质服务的乡村文旅品牌更容易吸引和留住用户，构建良好的品牌形象，从而提高品牌的影响力。

口碑传播是品牌推广的重要方式。良好的服务体验会使用户自愿成为品牌的传播者，会主动向亲友推荐，并在社交媒体等平台上分享自己的体验。这种口碑传播不仅能增加品牌的知名度，还能提升品牌的信誉度，从而增强品牌的影响力。

长期发展是品牌赋能的重要目标。健全的服务体系可以为乡村文旅品牌的长期发展提供基础。例如，通过对用户反馈的及时响应，乡村文旅品牌可以持续优化服务质量，提升用户满意度，进而形成良性循环，提升品牌的可持续竞争力。

良好的服务体系对乡村文旅品牌力的提升具有积极影响。它可以提高用户满意度，通过口碑传播增强品牌知名度和影响力，同时为乡村文旅品牌的长期发展提供基础。

五、未来服务发展趋势

未来，短视频赋能乡村文旅品牌力的服务体系将持续遵循几个重要的发展趋势。

移动化服务的兴起，标志着向便捷、灵活的服务体验的转变。随着移动设备的普及，服务接入方式正在不断改变，逐步从传统的 PC 端向移动端转移。移动应用和移动支付等手段为用户提供了随时随地获取服务的可能，带来了前所未有的便利。个性化服务越来越受到重视，这得益于大数据技术的发展。通过收集和分析用户数据，可以生成详细的用户画像，从而为其提供定制化的服务体验。这种精准化服务可以满足每个用户的个性化需求，提升用户满意度和忠诚度。

社交化互动是提升用户黏性和参与度的有效手段。在社交媒体和互动平台上，用户可以分享自己的体验，与其他用户交流和互动，形成强大的社区效应。这种互动性不仅能使用户的体验更丰富，还能进一步提升乡村文旅品牌的影响力。可持续发展的理念也正在对服务体系产生深远影响。在乡村文旅品牌力的赋能过程中，绿色、低碳的服务方案显得尤为重要。推出这类服务方案，不仅能够保护环境，还能提升品牌的社会责任感，从而获得用户的认同和支持。AI 技术的应用将进一步优化服务体系。比如，智能客服可以实时处理用户提出的问题和请求，提升服务效率；智能推荐可以根据用户的行为和喜好提供个性化的推荐，提升用户体验。这种技术驱动的服务创新，无疑会为乡村文旅品牌的赋能提供强大的动力。

这些趋势共同描绘了一个前景广阔的未来，乡村文旅品牌力的赋能也将在这个过程中不断优化和发展。

参考文献

[1]公伟宇 . 网络短视频创作 [M]. 武汉 : 华中科技大学出版社 , 2022.

[2]杨依依 , 孙晓玮 , 王小艳 . 短视频剪辑与制作 [M]. 哈尔滨 : 哈尔滨工程大学出版社 , 2022.

[3]李维 . 短视频营销 [M]. 北京 : 中华工商联合出版社 , 2020.

[4]曹三省 , 王斌作 , 余潜飞 , 等 . 直播与短视频深度运营 [M]. 中国广播影视出版社 , 2021.

[5]丁邦杰 . 新闻短视频采编传教程 [M]. 南京 : 江苏人民出版社 , 2022.

[6]杨闯世 . 短视频企业号运营实战 [M]. 北京 : 中国科学技术出版社 , 2021.

[7]沈阳 . 人人都能玩转短视频 + 直播 [M]. 上海 : 立信会计出版社 , 2021.

[8]李非黛 . 短视频这么玩更赚钱 [M]. 北京 : 中国经济出版社 , 2020.

[9]梁艳春 , 陈晨 , 沈文婷 . 视频创推员实务 : 短视频策划与制作 [M]. 福州 : 福建美术出版社 , 2021.

[10]杨捷 , 任云花 , 徐艳玲 . 短视频编辑与制作 [M]. 北京 : 航空工业出版社 , 2021.

[11]何崴 , 孟娇 . 青山筑境 : 乡村文旅建筑设计 [M]. 北京 : 机械工业出版社 , 2020.

[12]刘佳雪 . 文旅融合背景下的乡村旅游规划与乡村振兴发展 [M]. 长春 : 吉林大学出版社 , 2021.

[13]邓爱民 , 卢俊阳 . 文旅融合中的乡村旅游可持续发展研究 [M]. 北京 : 中国财政经济出版社 , 2019.

[14]李霞 . 文旅振兴乡村 : 后乡土时代的理论与实践 [M]. 北京 : 中国建筑工业出版社 , 2019.

[15]闭初健 . 新媒体“风口”下主题报道视频引流实践探析 [J]. 视听 , 2023(6): 132-134.

[16]唐巧蜜 . 短视频平台下美丽乡村旅游营销策略研究 [J]. 广东经济 , 2023 (5): 75-77.

[17]闵子俊 . 美丽中国视域下短视频赋能乡村旅游产业繁荣的特征分析 [J]. 安徽农业科学 , 2023, 51(10): 111-113.

[18]于靖宜 . 抖音短视频在乡村治理中的角色与功效 [J]. 新闻传播 , 2023(9): 71-73.

[19]谷穗 . 乡村产业振兴中乡村短视频的功能定位与推进路径 [J]. 智慧农业导刊 , 2023, 3(9): 165-168.

[20]田甜 , 崔明伍 . 三农题材短视频赋力乡村文化传播研究 [J]. 皖西学院学报 , 2023, 39(2): 145-150, 156.

[21]鲁占美 , 袁勋 . 乡村类短视频的内容生产机制与规制研究 [J]. 视听 , 2023(4): 107-110.

[22]黄彦君 , 金培培 , 孙博雅 . 媒介赋权视角下乡村短视频发展路径 [J]. 新闻前哨 , 2023(6): 10-12.

[23]程前 , 杜淑莹 . 乡村振兴视域下“三农”短视频的叙事创新——基于抖音“新农人计划”短视频的样本分析 [J]. 现代视听 , 2023(3): 49-53.

[24]施璐萍 . 短视频赋能数字乡村传播：抖音乡村短视频号的内容分析 [J]. 中国传媒科技 , 2023(3): 72-75, 92.

[25]周孟杰 . 返乡青年短视频实践的逻辑机制与数字内生性建构 [J]. 中国青年研究 , 2023(3): 67-75.

[26]宋文凯 . 移动互联时代乡村青年的短视频记忆建构 [J]. 青年记者 , 2023 (4): 114-116.

[27]曾祥明 , 郭翠竹 . 乡村短视频助力乡村振兴的价值及其实现路径 [J]. 福建开放大学学报 , 2023(1): 70-74.

[28]王青波 , 许莹 . 重塑集体记忆：抖音乡村短视频传播中的新“三农”形象——以抖音博主福建新农人“彭传明”为例 [J]. 东南传播 , 2023(2): 42-45.

[29]周游 . 乡村新闻官赋能清远乡村振兴的路径思考——以清远乡村新闻官制度为例 [J]. 清远职业技术学院学报 , 2023, 16(1): 34-38.

[30]郭攀 , 梅铮 . 乡村短视频赋能乡村文化振兴的推进路径 [J]. 视听 , 2023

(1): 19-22.

[31]胡宇 . 融媒时代文化赋能乡村振兴的路径探索 [J]. 媒体融合新观察 , 2022(6): 24-27.

[32]李小蓉 . “短视频 + 直播” : 数字赋能下的乡村振兴新模式 [J]. 台湾农业探索 , 2022(6): 48-53.

[33]关琮严 . 乡村短视频内容生产的逻辑转换与转型 [J]. 现代视听 , 2022(12): 43-46.

[34]刘丽华 , 冯程 . 从 “遮蔽” 到 “在场” : 短视频赋能乡村故事传播探究 [J]. 传媒论坛 , 2022, 5(23): 64-67.

[35]路鹃 , 张樱馨 , 柳佳琳 . 短视频赋能基层干部推广乡村旅游传播策略探析——基于抖音的田野观察 [J]. 中国广播电视学刊 , 2022(12): 121-124.

[36]赵林艳 . 乡村振兴战略下农村电商新媒体营销中 “新农人” 角色赋能探讨 [J]. 太原城市职业技术学院学报 , 2022(11): 29-32.

[37]杨镜俐 , 戴轶婷 , 陈娟 . “三农” 短视频赋能乡村基层治理实施路径探讨 [J]. 河南农业 , 2022(33): 32-34.

[38]田立法, 张妍彬, 赵娅娅. 农村数字文化赋能农业发展的商业模式研究 [J]. 农业考古 , 2022(4): 260-265.

[39]张思雨 , 刘鸣筝 . 短视频赋能下的乡村文化传播 [J]. 新闻论坛 , 2022, 36(3): 67-69.

[40]魏景霞 . 乡村短视频的社会治理价值变异及矫正路径 [J]. 领导科学 , 2022(5): 138-142.

[41]方常远 . 涉农短视频赋能乡村文化振兴研究——以抖音平台为例 [J]. 农村经济与科技 , 2022, 33(7): 159-161.

[42]周全 . 乡村振兴中的短视频赋能与路径探寻 [J]. 农业与技术 , 2022, 42(1): 151-153.

[43]戴钰均 , 廖璇 . 短视频赋能乡村振兴的策略性思考 [J]. 北方传媒研究 , 2021(6): 30-34.

[44]王艺璇 , 卢尧选 . 乡村与青年 : 自媒体短视频中的 “IP” 生产与 “流量” 变现——以理塘县 “丁真” 现象为例 [J]. 中国青年研究 , 2021(12): 90-97.

[45]杨丹，张健挺．乡村旅游中的短视频赋能与路径分析[J]. 中国广播电视学刊，2021(11): 14-15, 56.

[46]王慧．短视频与直播赋能乡村振兴的内在逻辑与路径分析[J]. 社会科学家，2021(10): 105-110.

[47]于蓉．乡村振兴背景下“短视频＋直播”扶贫模式的现状、动因及优化路径[J]. 商业经济，2021(9): 125-127.

[48]韩春秒．乡土原创短视频的内容特征和进路探讨[J]. 中国广播电视学刊，2021(2): 123-126.

[49]李爱香，李明洋．移动互联赋能乡村经济发展的路径探析[J]. 产业创新研究，2020(19): 29-30.

[50]王德胜，李康．打赢脱贫攻坚 助力乡村振兴——短视频赋能下的乡村文化传播[J]. 中国编辑，2020(8): 9-14.

[51]王羽佳．文旅融合视域下“丁真走红事件”的编码解码研究[D]. 成都：成都大学，2022.

[52]任纪元．面向乡村振兴的“村红”价值提升策略研究[D]. 郑州：河南大学，2022.

[53]赵子剑．农业科普类短视频内容生产策略研究[D]. 兰州：兰州财经大学，2022.

[54]刘晨．乡村振兴背景下短视频中的乡村形象研究[D]. 广州：华南理工大学，2022.

[55]刘婧．乡村振兴视域下社会化媒体在信息扶贫中的作用研究[D]. 恩施：湖北民族大学，2022.

[56]吴玉莹．叙事学视角下乡村美食类短视频研究[D]. 郑州：河南大学，2022.

[57]范欣萌．抖音三农短视频内容生产与运营研究[D]. 呼和浩特：内蒙古大学，2022.

[58]杨洁．自媒体传播背景下乡村题材短视频的生产策略研究[D]. 济南：山东财经大学，2022.

[59]王婧瑶．三农短视频内容传播对乡村振兴的影响路径研究[D]. 上海：华

东政法大学，2022.

[60]赵艳岭 . 乡村振兴视域下"三农"短视频的价值功能及优化路径 [D]. 沈阳：沈阳师范大学，2022.

[61]谢泽杭 . 基层治理中的政务短视频实践研究 [D]. 上海：华东师范大学，2022.

[62]李娟 . 社会性别视角下乡村女性的自我呈现 [D]. 武汉：武汉体育学院，2022.

[63]杨艳宁 . 媒介场景理论视域下"三农"短视频的内容生产和传播机制研究 [D]. 长春：吉林大学，2022.

[64]王猛 . 短视频赋能农业技术推广的应用研究 [D]. 武汉：华中师范大学，2022.

[65]王蕾 . 自媒体乡村影像赋能乡村振兴研究 [D]. 南昌：南昌大学，2022.

[66]张亚平 . 算法推荐影响下短视频用户的自我呈现研究 [D]. 贵阳：贵州大学，2022.

[67]王猛 . 短视频赋能农业技术推广的应用研究 [D]. 武汉：华中师范大学，2022.

[68]陈丹 . 涉农短视频中"三农"的形象建构研究 [D]. 重庆：西南大学，2022.

[69]龙颖如 . 基于西瓜视频的农村图景呈现与空间生产研究 [D]. 北京：北京外国语大学，2021.

[70]成文静 . 快手平台"三农"短视频传播策略研究 [D]. 西安：西安工业大学，2021.